UNGARISCHE BIBLIOTHEK
Für das Ungarische Institut an der Universität Berlin
herausgegeben von ROBERT GRAGGER
Erste Reihe

6.

Preußen, Weimar
und die ungarische Königskrone

Mit dem Faksimile eines Goethe-Briefes

Von

Robert Gragger

1923

Walter de Gruyter & Co.

vormals G. J. Göschen'sche Verlagshandlung — J. Guttentag, Verlagsbuchhandlung — Georg Reimer — Karl J. Trübner — Veit & Comp.

Berlin und Leipzig

Druck von Walter de Gruyter & Co., Berlin W 10

Inhaltsübersicht.

Verzeichnis der vollständig oder im Auszuge mitgeteilten Aktenstücke.

Vorwort.

Bei den meisten europäischen Völkern war die Geburt des nationalen Gedankens eine Frucht der napoleonischen Kriege und der Romantik. Wesentlich früher und unter anderen Voraussetzungen geschah das Erwachen des ungarischen Nationalgefühls, das bereits in dem großen politischen Kampf zwischen Preußen und Österreich um das Jahr 1789 eine bedeutende Rolle spielen sollte.

Nach den Türkenkriegen und vollends nach dem Zusammenbruch des Rákóczi-Aufstandes hatten auf dem wirtschaftlich zerrütteten, bis zu den letzten Kräften aufgeriebenen Ungarn Jahrzehnte der Hoffnungslosigkeit und Stumpfheit gelastet. Erst unter Maria Theresia kam allmählich wieder Leben in die Nation. Die bedeutende Rolle, die ihr in den Kriegen der Monarchin zugefallen war, wirkte befruchtend im Sinne der Wiederbelebung des ungarischen Geistes, zunächst in der Literatur, und zwar vollzog sich dieses literarische Erwachen gerade im Kreise der am Hofe der Kaiserin lebenden jungen Adligen. Als dann auf die geschickte Regierungskunst Maria Theresias der rücksichtslose Absolutismus Josephs II. folgte, blieb das nationale Gefühl nicht mehr auf eine literarische Gruppe beschränkt. Auflodernd einte es die besten Kräfte des ganzen Landes zum Widerstand gegen den unerträglichen Druck der zentralistischen Reformen des josephinischen Absolutismus.

Parallel mit diesem Aufflammen des ungarischen Nationalgefühls unter Joseph II. vollzog sich die Entwicklung in den österreichischen Niederlanden. Allerdings nahm hier in weit höherem Grade als in Ungarn das ständische und vor allem das ultramontan-kirchliche Element, das sich gegen Josephs aufklärerische Reformen aufbäumte, den Vorrang vor dem nationalen ein. Aber im ganzen zeigen sich doch gerade in dieser Verquickung des Nationalen mit dem Konservativen, darin, daß die jeder Reform widerstrebenden Stände zugleich die vornehmlichsten Träger des nationalen Gefühls sind, in der Geschichte beider Länder schon seit dem Dreißigjährigen Kriege und vor allem in dem schließlich gleichzeitig erfolgenden Versuch der Abschüttlung der Habsburger-Herrschaft manche verwandten Züge.

Beide Länder, Ungarn und die Niederlande, waren in ihrem Kampf gegen Habsburg auf die Unterstützung fremder Mächte angewiesen. In den Niederlanden, die vom Zentrum der habsburgischen Macht weit genug entfernt lagen, konnten die Unzufriedenen bis zum offenen Aufstand vorschreiten, der zunächst von vollem Erfolg begleitet war. Hier nahmen alle drei verbündeten Mächte, Preußen, England und Holland, lebhaften Anteil an den Schicksalen des Landes. Für Ungarn fiel das Interesse Englands fort — einer der Hauptgründe, die ein bewaffnetes Einschreiten Preußens schließlich verhindert haben — und so ist es, da zudem das Land von kaiserlichen Truppen des Türkenkrieges wegen stark besetzt war, hier nicht bis zur offenen Empörung gekommen. Dennoch hat Ungarn in den preußischen Plänen jener Jahre eine nicht geringe Rolle gespielt und umgekehrt ist Ungarn in seiner Haltung Habsburg gegenüber gerade durch Preußen entscheidend beeinflußt worden. Eben die preußische Anteilnahme an den ungarischen Verhältnissen war es, die Joseph II. veranlaßt hat, seine verfassungswidrigen Neuerungen zurückzunehmen und umgekehrt war es die Rücksicht auf die ungarischen Verhältnisse, die seinen Nachfolger vor einem Kriege mit Preußen zurückschrecken ließ.

Diese Rolle Ungarns in jenem politischem Kampf, der ganz Europa in Atem hielt, soll auf Grund der Akten in den Archiven in Berlin, Weimar, Wien und Budapest in dieser Arbeit dargestellt werden.

Die Veröffentlichung der Aktenstücke geschah in der Weise, daß die deutschen Stücke — abgesehen von der Interpunktion — die oft bezeichnende Rechtschreibung der Urschrift beibehielten und meist in den Text aufgenommen wurden. Bei den französischen Stücken dagegen, die zum größten Teil auf die Auflösung der Zifferberichte zurückgehen, bei denen die wechselnde Rechtschreibung der Entzifferer kein Interesse erwecken kann, ist in der bei den Veröffentlichungen der Preußischen Akademie der Wissenschaften üblichen Weise, die moderne Orthographie unter Beibehaltung älterer Sprachformen angewandt worden.

I.

Ungarns Unzufriedenheit mit dem Regierungssystem Josephs II.

Der hochbegabte Sohn der großen Königin, von der man erzählte, daß sie als junge Frau, ihren zukünftigen Nachfolger auf dem Arm tragend, in ihrer Bedrängnis vor dem ungarischen Reichstag erschienen war, hatte anfangs in Ungarn große Hoffnungen erweckt. Doch bald folgten schwere und schmerzliche Enttäuschungen. Durch die Regierungskunst Maria Theresias war der Widerstand, den Ungarn der Herrschaft der Habsburger nach dem letzten Versuch Franz Rákóczis entgegengesetzt hatte, allmählich eingeschlafen, die allgemeine politische Stimmung trug den Charakter der Versöhnlichkeit, war z. T. sogar für Habsburg begeistert. Maria Theresia brachte den ungarischen Hochadel nach Wien und bildete ihn zum Hofadel um, sie schuf sich aus dem Landadel eine ungarische Garde, aus der die Erneuerung des ungarischen Geisteslebens, besonders der Literatur, hervorging. Sie organisierte auch das Kirchenwesen und brachte die Kirchenfürsten zu großer Macht; während ihrer Herrschaft entwickelte sich das Schulwesen, und die große soziale Reform des Urbariums, die das Verhältnis zwischen Herren und Hörigen regelte, überragt alle anderen an Bedeutung. Die Königin und ihr Kanzler sehen die wahre Kraft des Staates im Volke. Ihm wollen sie helfen und in ihm ein Gegengewicht wider die Stände gewinnen. In der Politik, im Kirchenwesen, auf allen Gebieten des sozialen und geistigen Lebens dringt ihre königliche Macht gegenüber den Widerständen der konservativen Verfassungsstützen durch. Hier wird das Königtum zum Träger des Fortschritts, der Reformen, und der Reichstag, die staatlichen Behörden erscheinen als Hemmschuh. Fast gegen den Willen der Nation schien Maria Theresia die Reformen und die neuen Ideen der aufgeklärten Staatswissenschaftler und Volkswirte durchzuführen. Ebenso wie in Frankreich, in Preußen und in Rußland ist dies die Zeit der Reformen von oben, das Zeitalter der Philosophen und der Fürsten. Aber allmählich und ohne

Gewaltsamkeiten suchte sie die Rückständigkeit der ständischen Verfassung zu beseitigen, den Geist des Staates zu erneuern. Auch in Ungarn fühlt sie sich als die Landesmutter, nennt sich in vertrauten Briefen eine gute Ungarin und ermahnt ihre Tochter CHRISTINE ernstlich, das Lateinische und das Ungarische zu erlernen, damit sie zu den Mitgliedern des Reichstags in deren eigener Sprache reden könne.

Von ihrem Sohne, dem geistvollen, aufgeklärten Manne, der sich den Philosophen von Sanssouci zum Vorbild nahm, erwarteten die Fortschrittlichgesinnten in Ungarn einen weiteren Aufschwung auf allen Gebieten des staatlichen Lebens. Was man über den Thronfolger, den jungen Kaiser gehört hatte, begeisterte die Freunde des Fortschritts. Joseph wollte den ungarischen Handel heben, die Jugenderziehung verbessern, er verkündete die Toleranz und wendete sich gegen die religiösen Verfolgungen. Und auf seinen Reisen wurde der humane GRAF FALKENSTEIN — dieses Namens bediente er sich bei solchen Gelegenheiten, so auch auf seiner Reise in Ungarn i. J. 1768 — eine der volkstümlichsten Gestalten in Europa. Ein schöner Mensch mit schlichtem, offenem Wesen.

Aber schon die ersten Erlasse über kirchliche Fragen, vor allem die Toleranz betreffend, ließen erkennen, daß ein Ideologe das Staatsruder führte, der nicht mit der Macht der bisherigen Stützen des Staates, der katholischen Aristokratie und des Klerus, rechnete. Seine Erlasse wirkten herausfordernd, und ebenso die Tatsache, daß der Aufklärer — um freie Hand zu behalten — gerade in Ungarn, in diesem „*Regnum Marianum*“, auf den Titel eines apostolischen Königs und auf den Glanz der heiligen Krone verzichtete, zu der jeder Ungar ehrfurchtsvoll aufblickte. Zwar gewann er mit einem Schlage den protestantischen Adel und die unteren Schichten des Volkes für sich. Indessen verschmähte es der absolutistische Herrscher, sich auf sie zu stützen. Er glaubte keiner »Regierungspartei« zu bedürfen.

Doch hatte er seine eigene Macht zu hoch und die der Verfassung zu gering eingeschätzt. Allerdings war die soziale, konfessionelle und sprachliche Unausgeglichenheit Ungarns groß, und das traditionelle Regierungssystem des *divide et impera* ließ sich verhältnismäßig leicht durchführen, solange es nur gegen die Interessen einzelner Gruppen verstieß oder einzelne bevorzugte. Joseph aber wandte sich von Anfang an gegen die Verfassung, die sich die Nation selbst gegeben hatte. Er hielt es nicht für notwendig, zur Bewilligung seines vermehrten Budgets mit den Ständen seiner Länder zu verhandeln. Bekanntlich leitete ihn dabei nicht so sehr die Herrschsucht als die

Überzeugung, daß nur auf diesem Wege seine Ideen sich unbehindert verwirklichen ließen. Damit aber hat er sich, der ein wirklicher König, ein Vater des Volkes sein wollte, die Nation entfremdet. Schon allein der Umstand, daß die Verordnungen nicht von dem vereidigten und gekrönten König ausgingen, sondern ungesetzlich, ohne Zustimmung des Reichstags, erlassen wurden, erweckte Widerspruch und Widerstand. Und selbst in jenen Kreisen, zu deren Wohl die Reformen dienen sollten — wie das Toleranzpatent für die Protestanten — begegneten sie Mißtrauen, weil sie nicht durch den Reichstag zum Landesgesetz erhoben worden waren.

Die Folge war, daß Joseph II. in Ungarn nicht als gesetzmäßiger König angesehen wurde. Schon 1782 wurde in katholischen Kirchen nicht mehr für den König, sondern nur für den Kaiser gebetet, weil es ja keinen König gab, da er nicht gekrönt war. Alle Kreise des ungarischen Volkes, auch die durch die Reformen begünstigten, drängten auf Einberufung des Reichstags. Die Komitate aber wandten sich scharf schon gegen die ersten Reformen, gegen das Toleranzpatent, weil es im Widerspruch zu den Landesgesetzen stand. Die absolutistischen Maßnahmen der folgenden Jahre ließen den Widerstand erstarken. Da es keinen Reichstag gab, äußerte sich die öffentliche Meinung in den Komitatsversammlungen. Offen zeigte sich der Widerspruch i. J. 1784, als sich Joseph zu jenen tiefen Eingriffen in die ungarische Staatshoheit entschloß: zur Entfernung der Stephanskrone aus dem Lande, der Einführung des Deutschen als Staatssprache und den Konskriptionen. Damit schien das Ende der ungarischen Staatlichkeit und des nationalen Lebens gekommen.

Aber der Druck erzeugte noch stärkeren Gegendruck. Und es ist bezeichnend, daß nicht allein die rein ungarischen, sondern auch slowakische und kroatische Landesteile, sowohl katholische wie protestantische, sich aufs schärfste gegen die kaiserlichen Erlasse wenden. Josephs Reformen richteten sich eben nicht gegen eine bestimmte Nation; sondern sie wollten gleichmäßig mit allen Institutionen aufräumen, die der Einheitlichkeit des Staatswesens entgegenstanden. Daher machten sie nicht einmal vor den Siebenbürger Sachsen halt. Der Kaiser hob schon am 22. März 1781 mit der Einführung der unbedingten Konzivilität das »ausschließliche Bürgerrecht« der Siebenbürger Sachsen auf (s. F. v. Zieglauer, *Die politische Reformbewegung in Siebenbürgen*. Wien 1881. S. 36). Bald darauf verfügte er die Einverleibung des sächsischen Nationalarchivs in das Landesarchiv (a. a. O. S. 36), und im Jahre 1784 ging er so weit, das sächsische Nationalvermögen zu konfiszieren und die sächsische Nation ausdrücklich für erloschen zu erklären. Diese Maßnahmen riefen naturgemäß unter den Sachsen die größte Erbitterung und »einen Strom von Klagen, Beschwerden und Bitten« hervor. Ebenso wie die Ungarn richteten sie wiederholt »Repräsentationen« an den Kaiser mit der Bitte, den Verfassungsbruch rückgängig zu machen (a. a. O. S. 40 ff.). »Mit einer Lebhaftigkeit ohnegleichen trat der kantonale Geist des Volkes der Nivellierung und Gleichmacherei Josephs II. entgegen, im starken Wogendrange schäumte der nationale Unwille gegen die Forderungen des Absolutismus auf« (ZIEGLAUER a. a. O. S. 68). Der Kaiser ist allen diesen Widerständen gegenüber entschlossen, im Notfalle mit Waffengewalt durchzugreifen. Auch soziale und nationale Gegensätze spitzen sich im Lande selbst zu. Durch die Konskriptionen mit falschen Versprechungen angelockte rumänische Bauern, vom Bodenhunger getrieben, werden gegen den Adel aufständig und dieser bewaffnet sich, um seinen Besitz zu schützen. Die Bauern sehen im Kaiser ihren Patron, und der Adel, vor allem der Gutsbesitzer, wendet sich nunmehr nicht allein gegen die unbotmäßigen Hörigen, sondern auch gegen deren angeblichen Beschützer, den Kaiser. Die Stimmung des Landes wird stark oppositionell. Die Ultras des Adels denken an bewaffneten Widerstand und wollen losschlagen. Einige sehen sich schon außerhalb des Landes nach Verbündeten um. Die weniger vorsichtigen Elemente versuchen ihre Pläne in die Tat umzusetzen. Der Adel des Bereger Komitats blickt nach Polen, und es heißt, daß EMERICH PÉCSI im Auftrage dieses Komitats mit einem ruthenischen Priester nach Polen ging, um dort beim polnischen Adel zu sondieren und Anknüpfungspunkte zu suchen[1]). Der Kaiser selbst glaubt, daß ein bewaffneter Widerstand zu befürchten sei und greift zu Gewaltmaßnahmen. Er entsendet königliche Kommissare, hebt die Selbstverwaltung der Komitate auf und ordnet die Feldmessung an. Immer mehr wurde seine Regierung zu einer bloßen Machtfrage. Jede offene Meinungsäußerung war unterbunden, und es handelte sich nur darum, ob das Land dies dulden oder sich auflehnen werde.

Dieser Weg der Auflehnung war aber schwer; der an den blutigen Rákóczi-Aufständen geschulte Adel kannte nur allzu gut das ungleiche Kräfteverhältnis; dies mußte man also zunächst auszugleichen streben. Ein Zempléner Adliger, EMERICH MALONYAI, begann i. J. 1786 Aufrufe zu einer neuen Königswahl, und zwar zugunsten Erzherzog Ferdinands, des jüngeren Bruders Josephs II., zu verbreiten, die er durch adelige Kinder abschreiben ließ. Er suchte unter den Hörigen im Komitat Sáros eine Partei zu werben und sagte bei seiner Vernehmung aus, daß er die Proklamationen durch hunderttausend dressierte Hunde im Lande verbreiten wollte. Der Kaiser verurteilte den offenbar geisteskranken Mann zu zehn Jahren Galeerenarbeit [2]). Im selben Jahre bemühte sich auch in den südlichen Teilen des Landes ein Schwärmer, einen neuen Fürsten auf den ungarischen Thron zu erheben, und hätte ohne das rechtzeitige Dazwischentreten von Kavallerie beinahe Erfolg gehabt [3]). Ermunternd auf die Unzufriedenen wirkten die Nachrichten über die in den Niederlanden ausgebrochenen antihabsburgischen Unruhen und Wirren. In Siebenbürgen, wo die Tradition des Widerstandes am stärksten war, wurden im Herbst 1787 Unterschriften für eine ausführliche Beschwerdeschrift gesammelt, worin die einzelnen Verstöße der Regierung zusammengestellt wurden. Vergebens gab der Kaiser dem siebenbürgischen Gouverneur Graf BÁNFFY den bestimmten Auftrag, das Zustandekommen der Gravaminalschrift zu verhindern, die eine merkwürdige Verquickung ROUSSEAUscher Ideen von der Volkssouveränität mit den alten ungarischen juristischen Theorien darstellt und noch 2 Jahre lang den österreichischen Staatsrat eingehend beschäftigt hat [4]). Drei siebenbürgische Herren, deren Namen nicht bekannt sind, nahmen offen gegen die kaiserliche Landmessung Stellung. In Oberungarn widersetzte sich im Jahre 1786 der Graf Stephan ILLÉSHÁZY ebenfalls offen der Landmessung auf seinen Besitzungen und entging nur auf Verwendung des Staatsrats IZDENCZY der Verhaftung, worauf er sich auch weiterhin Josephs Reformen widersetzte. (MARCZALI, *Az 1790—91 diki országgyülés* Bp. 1907, Bd. I, S. 336). Die Komitatskongregationen des Jahres 1788 überschütteten den Hof mit einer gewaltigen Fülle von Repräsentationen. Angesichts der sich beständig häufenden Ungesetzlichkeiten verbreitete sich immer mehr der Gedanke, daß die Nation sich zu einem entscheidenden Schritt entschließen müsse, um dem ein Ende zu bereiten. Nun suchte man nach einem geeigneten Thronkandidaten.

II.

Die ungarischen Pläne und Preußen.

Unter diesen Plänen, die allenthalben geschmiedet wurden, war der am meisten verbreitete und am günstigsten scheinende der, sich auf Preußen zu stützen. Überall stieß die Wiener Regierung auf die erfolgreiche Gegenwirkung Berlins, und wollte man gegen Wien irgend etwas erreichen, so war Preußen der beste Bundesgenosse. Das wußte Rußland und das wußte auch die Türkei. Zudem war es in Ungarn Tradition, sich zum Schutz gegen die Habsburger-Bedrückung an den Berliner Hof zu wenden. Seit Jahrhunderten bestanden ununterbrochene Beziehungen Ungarns und Siebenbürgens zu Brandenburg und Preußen. Seit den Protestantenverfolgungen erblickten die Ungarn ihren rettenden Gideon im Kurfürsten von Brandenburg. Jährlich zogen Abordnungen oder einzelne Abgesandte nach Berlin mit der Bitte, der Kurfürst möge sich in Wien zugunsten der ungarischen Protestanten verwenden. Und immer fanden sie Gehör und Unterstützung. Besonders der Große Kurfürst und auch Friedrich Wilhelm I. hatten sich für die verfolgten Ungarn warm eingesetzt [5]).

Friedrich der Grosse aber hatte sich die Dankbarkeit der ungarischen Protestanten besonders dadurch gewonnen, daß er dem Fürsten Schaffgotsch, Bischof von Breslau, den bekannten Brief vom 16. Febr. 1751 schrieb, der in Abschriften in Ungarn kursierte. In diesem Brief überträgt er dem Bischof die Aufgabe, seine »Glaubensgenossen in Ungarn von ihren bevorstehenden Untergang zu retten, hieran bey der Quelle ihres Unsterns, nehmlich dem dasigen römisch catholischen Clero .... auf eine convenable, jedoch nerveuse Art ... behörigt zu insinuiren.« Worauf sich der Bischof mit der Angelegenheit an den päpstlichen Stuhl wandte. So konnten die bedrückten Protestanten Ungarns mit ruhiger Zuversicht auf die Hilfe Preußens rechnen. Sie hatten auch vielfache persönliche Beziehungen zu Preußen, da sie und ihre Geistlichen an deutschen Hochschulen studiert hatten und die Verbindung mit ihren Lehrern und Kommilitonen dort aufrechterhielten. Diese Beziehungen beschränkten sich aber nicht auf die Protestanten, ihre Kirchen und Schulen, sondern berührten auch weitere Kreise. So kam es, daß selbst Katholiken ihre Hoffnungen auf den großen Gegner Habsburgs in Potsdam setzten und sich an ihn wenden wollten. Einer der für diese Stimmung bezeichnendsten Fälle ist der Plan des Piaristenmönches Remigius Franyó [6]).

Franyó wurde 1782 im Alter von kaum 21 Jahren in Debreczen von den Piaristen als Lehrer angestellt, ohne daß er vorläufig — seiner Jugend wegen — das Ordensgelübde abgelegt hätte. Schon damals ist er gegen Joseph II. aufgebracht. Er schreibt einen Brief an den Kaiser, in welchem er ihm als fingierter Geheimer Rat Vorhaltungen macht. Er schmiedet allerlei Pläne, und im März 1786 beschließt er, zur Tat zu schreiten. Vor seinen Ordensbrüdern hält er alles geheim. Am 22. Juli wird er auf seinen Wunsch nach Nagykároly versetzt. In dem Tagebuch des dortigen Piaristenhauses heißt es: »Er lehrte in der zweiten Grammatikalklasse als „*clericus non professus*" recht nachlässig. Er war klein von Wuchs, von gutem Verstand, aber frech und hochmütig; ... er war recht melancholisch und eröffnete seine Gedankengänge niemandem.« Spät erst bringt er seinen Plan zu Papier. Zu diesem Zweck arbeitet er ein geheimes Zahlenalphabet aus. Der Gedankengang dieses vielfach recht naiven Planes war der: daß man dem preußischen König Friedrich Wilhelm II. durch eine Gesandtschaft die ungarische Krone anbieten müsse, wenn dieser geneigt sei, den katholischen Glauben anzunehmen. Wenn er das tut und die Krone annimmt, wird er ein dreißigtausend Mann starkes Heer senden, welches durch Schlesien gegen Wien vorrückt. Unterdessen werden auch die ungarischen Magnaten einige tausend Mann organisieren, aufstellen und diese dann mit dem preußischen Heer vereinigen, an das sich auch das in der Umgegend von Wien stationierte ungarische Militär anschließen wird. Während der Abwesenheit Josephs II. nehmen die Heere Wien ein, bemächtigen sich der Heiligen Krone, der Krönungsinsignien und erklären Joseph II. des ungarischen Thrones verlustig. Mit der Heiligen Krone wird man alsdann den preußischen König zum ungarischen König krönen, dieser wird einen Eid ablegen, das Land nach seinen alten Gesetzen zu regieren und in seiner verfassungsmäßigen Freiheit zu halten. Dem Bischof von Erlau, Grafen Karl Eszterházy, teilte er diesen Plan zuerst mit. In der Aussage, die Franyó später machte, heißt es: ». . . hunc prae aliis Hungariae magnatibus optime diiudicaturum, an planum ad liberandam patriam a me concinnatum effectui dari possit.« Franyó wußte, daß Eszterházy mit den Anordnungen Josephs II. unzufrieden war und das Toleranzedikt von 1781 in einer Komitatsversammlung getadelt hatte. Auch wußte er zweifellos, daß der Bischof am 1. Mai 1784 die Komitatsstände gegen die Landesvermessung aufgerufen hatte. In dem mit Geheimzeichen geschriebenen Brief an den Bischof vom 14. Mai 1787 entwickelt er nach einer allgemeinen Einleitung seinen Plan: Des preußischen Königs größter Wunsch ist es, römischer König zu werden. Auch Friedrich II. leitete schon dieses Ziel, als er mit vielen Reichsfürsten ein Bündnis einging und sich mit dem Gedanken befaßte, Katholik zu werden 7). Friedrich Wilhelm II. wird sich noch lebhafter damit befassen, wenn man ihm das apostolische ungarische Königtum anbietet, weil dann durch den Machtzuwachs die Hoffnung zunehmen wird, das so heiß ersehnte römische Königtum zu erringen. Zum Anbieten der ungarischen Krone soll indessen kein Magnat nach Preußen gehen, weil das Aufsehen erregen würde, sondern das will Franyó selbst tun. Nur soll ihm irgend ein Magnat, als wäre er dessen Wirtschaftsverwalter, vom Kaiser die Erlaubnis verschaffen, zur Erlernung der Seidenraupenzucht nach Pommern zu gehen. Wenn dieser Vorwand jemandem nicht gefalle, soll er einen besseren sagen. Ferner bittet Franyó den Bischof, ihm die Namen einiger Herren mitzuteilen, die die Heimat und deren Freiheit lieben, damit er auch diesen schreiben könne. Es wäre gut, wenn man auch eines von den Mitgliedern des Kriegsrates in die Konföderation hineinziehen könnte, weil dieses es durchsetzen würde, daß man das ungarische Militär, besonders aber die Kavallerie, in der Umgebung Wiens und den nicht weit entfernt liegenden Bezirken stationiere, die deutschen Truppen aber in das Innere des Landes sende. Als Vorwand hierfür könnte man angeben, daß man so das Ungartum viel leichter im Zaum halten könnte. Für die Zwecke der Kriegsunternehmung sollen die Magnaten, die in Trentschin und in der Árva Besitzungen haben, auf dem Kamm der Karpathen Bäume fällen und für die Kavallerie so weit Straßen bauen, daß man in einem Nachtritt bis vor die Tore Wiens gelangen kann. Sie sollen für Reiter und Pferde Proviant sammeln. Unter dem Vorwand, man wolle dem Kaiser gefällig sein, (um die Ruhe des Landes, welche infolge der verschiedenen kaiserlichen Anordnungen in Gefahr sei, aufrechtzuerhalten und der inneren Bewegung Herr zu bleiben), sollen einige Magnaten um Erlaubnis bitten, mehrere tausend Mann aufzustellen. Diese würden dann, wenn die preußische Macht einträfe, sich mit ihr vereinigen, der preußische König solle mit Franyó 30 000 Mann entsenden und diese durch den Teil Schlesiens führen, von wo aus man in acht Stunden nach Ungarn kommen könne. Um alles vorzubereiten, will er Ende Juni aus dem Piaristenorden austreten und alle die Punkte, die man für die Thronerhebung des Preußenkönigs als die geeignetsten ansehen wird, zur Begutachtung bzw. zur Unterschrift vorlegen. Aber, sagt Franyó, als armer Mann hat er kein Geld, um zu den Konföderierten und zum preußischen König zu reisen. Für die erste Reise bittet er den Bischof um dreitausend Gulden, die das Land nach der Thronbesteigung des preußischen Königs zurückzahlen werde. Die Kosten der preußischen Gesandtschaft erwartet er von den dem Bunde beigetretenen Herren, von denen jeder soviel zu spenden haben würde, als in seinen Kräften stände. Er hätte dann den Betreffenden ein Schriftstück darüber zu geben, durch das sie versichert sein könnten, daß sie dem Vaterlande geholfen haben. In seinem Vorgehen leite ihn keine Selbstsucht, alles will er für die Heimat tun. Wenn jemand für die Befreiung des Vaterlandes einen besseren Plan wisse, solle er ihn nicht vor ihm verbergen, denn die Zeit für die Tat sei da. Niemand solle fürchten, daß im Lande ein Krieg entstehe. Er werde die preußische Armee nicht ins Vaterland führen, sondern, während Joseph II. auf den Ruf des preußischen

Königs als Zeuge seiner Bekehrung zum katholischen Glauben in Berlin weile, werde er die Preußen nach Wien bringen. Schließlich bittet er den Bischof, ihn nicht zu verraten, wenn er den Plan nicht annehmen sollte. Die besagten 3000 Gulden aber soll er ihm innerhalb zweier Wochen schicken, da man die Zeit ausnützen müsse [8]).

Bischof Eszterházy war überrascht und ließ durch einen Dechanten bei Franyó Erkundigungen über den Plan einziehen. Dieser schrieb noch am selben Tage, am 4. Juni, einen zweiten dringenden Brief mit der Bitte um Antwort, da er spätestens im Dezember zum preußischen König gehen wolle, um dann mit Gottes Hilfe im Frühjahr 1788 an die Ausführung des Planes gehen zu können [9]). Am 11. Juni schrieb er in derselben Angelegenheit an den Erzbischof-Primas Grafen Joseph Batthyány. Unter anderem sagte er, er wolle den Plan höchstens zehn Personen mitteilen; das einfache Volk werde sich später von selbst anschließen. Er will hinzuziehen: Fürst Eszterházy, Graf Hadik, den Vorsitzenden des Kriegsrates, und den Kanzler Graf Pálffy [10]). Am 15. Juni schrieb er an den reichen Grafen Anton Károlyi, den Befehlshaber der adligen Leibgarde [11]). Später wandte sich Franyó aber auch an Vertreter des mittleren Adels, an den in Czégény begüterten Emerich Dózsa, der zu Beginn der Regierung Josephs II. auf seine Stellung als Schatzmeister des Komitats Szatmár verzichtet hatte und Komitatstafelrichter geworden war. Ihn bestimmte Franyó dazu — nachdem er selbst zum preußischen König gegangen sein würde — die ungarischen Truppen aufzusuchen, sie zu gewinnen und dazu zu bringen, daß sie sich mit den gegen Wien vorrückenden preußischen Truppen vereinigen. Ferner bittet er ihn um die neueste Ausgabe des Tripartitum, um daraus die Verfassung des Landes eingehender kennenzulernen und jene Punkte zusammenzustellen, welche er dem preußischen König zu unterbreiten wünscht. Er rechnet auch darauf, von Dózsa die Namen der im nordöstlichen Teil des Landes wohnenden Herren zu erfahren, mit denen man wegen der Thronerhebung des preußischen Königs in Verbindung treten müsse [12]). Außerdem stand Franyó mit dem in Szegedin wohnenden Tafelrichter Stephan Kárász in Verbindung. Von ihm erwartete er Aufklärung über die Magnaten des Banats. Ferner wollte er mit den Grafen Stephan Illésházy und Paul Haller in Verbindung treten, desgleichen mit den im ersten Kapitel erwähnten drei siebenbürgischen Herren, die sich der Feldmessung widersetzten, und deren Namen er nicht kannte. Tatsächlich hat er aber nach Siebenbürgen nur noch einen Brief an Graf Ignaz Batthyány, Bischof von Siebenbürgen, richten können. Am 28. Juni bittet er um seine Entlassung aus dem Orden. Für den Fall, daß seine Vorschläge angenommen würden, entwarf er am 30. Juni oder 1. Juli einen Plan zur Entwaffnung der kaiserlichen Truppen, die in kleinen Gruppen im Lande zerstreut waren. Nachmittags, wenn die Truppen zu ruhen pflegen, sollten je sechs bis acht Bauern, wie aus Neugierde, die Waffen in die Hand nehmen, sie weitergeben, sich dann auf die Kaiserlichen stürzen, sie binden und an einen sicheren Ort bringen.

Als der Bischof von Erlau erfahren hatte, daß Franyó bei seinem Plan verharre, sandte er die an ihn gerichteten Briefe an den Landesrichter Grafen CHRISTOPH NICZKY, Graf Anton Károlyi aber schickte den seinen an den Staatskanzler, Fürsten KAUNITZ. Niczky läßt Franyó in aller Stille in der Nacht vom 4. zum 5. Juli durch Major Perczel nach Ofen bringen, wo er am 8. Juli eintraf. Kaunitz hatte Bedenken über den Geisteszustand Franyós. In einem Brief an Niczky vom 16. Juni hatte er die Vermutung ausgesprochen, daß »der Mönch wohl verrückt sei«. Diese Bedenken wurden aber durch das Zeugnis zerstreut, das der Leiter des Ordenshauses in Nagykároly abgab. Am 14. Juli stellte der Kanzler Pálffy beim Kaiser den Antrag, Franyó in Ofen zu vernehmen. Joseph II. antwortet darauf: »Der Piarist mag ein Narr sein, oder nicht, soll hieher in das Polizei-Haus gebracht werden und die Untersuchung mit demselben allda vor sich gehen.« Dieser Befehl, der dem § 4 des Gesetzartikels VII vom Jahre 1715 widersprach, — da die Untersuchung nicht durch ungarische Richter, sondern durch die Wiener Polizei erfolgen sollte —, wird ausgeführt.

Beim Verhör sind aus Franyó keine Namen herauszubringen. Aus den Schriften erst ergeben sich die genannten sechs Personen. Über eine bei Franyó gefundene Anweisung über 1200 Gulden, die in seinen Geheimzeichen geschrieben ist, sagt er, daß sie dem Piaristenordenshaus gehöre, und von ihm nur zur Übung in der Geheimschrift geschrieben worden sei. Da hier der wahre Sachverhalt durch das Verhör offenbar nicht ermittelt worden ist, so scheint ein Teil derer, mit denen Franyó in Verbindung getreten ist, unentdeckt geblieben zu sein. Man könnte hier an Beziehungen zwischen Franyó und den Teilnehmern an der späteren Verschwörung denken.

Am 8. September übergibt Joseph II. im Widerspruch zu § 5 des Gesetzartikels VII v. J. 1715 Franyó dem Wiener städtischen Kriminalgericht zur Aburteilung. Er behält sich vor, das Urteil vor der Publizierung zu überprüfen. Erst im März und April 1788 wird das Verhör wieder aufgenommen. Franyó macht keine neuen Geständnisse über Mitverschworene. Auch von sich aus kann das Gericht zu keinen Ergebnissen darüber gelangen, da Dózsa und Kárász leugneten, die Briefe Franyós erhalten zu haben. Am 31. Mai verurteilt ihn das Gericht zu 30 Jahren Kerkerhaft. Joseph II. erhöht diese Strafe am 16. Juli auf 60 Jahre Haft auf dem Spielberg zu Brünn, wo so viele Dichter und Patrioten vorher und nachher geschmachtet haben. Das Haupt der ungarischen Literatur, Kazinczy, hat dort einige Jahre später an seinen Werken gearbeitet und sie mit seinem Blut und einem rostigen Nagel geschrieben. — Am 24. Juli trifft Franyó dort ein.

Auf die Bitte des Barons Joseph Horeczky, der Franyó in seiner traurigen Lage auf dem Spielberg gesehen hatte, verwendet sich zwei Jahre später das Komitat Neutra zu seinen Gunsten bei Leopold II., um die Einleitung eines gesetzmäßigen Verfahrens zu erreichen. Am 5. April 1790 willigt Leopold ein. Franyó wird in der ersten Maiwoche nach Komorn gebracht. Der Prozeß beginnt am 14. August. In Sigismund Thaly erhält Franyó einen Anwalt. Dieser erreicht die Vertagung des Prozesses und die Erlaubnis, sich mit Franyó zu beraten. Vom 16. bis 21. August findet ein Verhör statt. Franyó bleibt bei seinen früheren Aussagen. Er entschuldigt sich aber nicht mehr ausschließlich mit seiner Vaterlandsliebe und der ungesetzlichen Regierung Josephs II.: er sagt jetzt, er habe die Briefe nicht deshalb an die Magnaten geschickt, um Unruhen zu stiften, sondern er wollte »seinen von unruhigen Gedanken verwirrten Geist beschwichtigen, seine unruhige Seele der Ruhe übergeben« [13]). Die Magnaten sollten ihn von der Unausführbarkeit seines Planes überzeugen. In diesem Verteidigungsverfahren ergeben sich Widersprüche, aber beim Verhör vom 8. bis zum 10. September bringt er dasselbe vor. Thaly benutzt den Zeitpunkt der Krönungsfeierlichkeiten, um für Franyó um Gnade zu bitten. Vorher hatte er dargelegt, daß in diesem Falle laut § 1 Art. 14 des Tripartitum I nicht Hochverrat vorläge, sondern nach § 2 desselben Artikels und Gesetzartikel 9 v. J. 1729 Treulosigkeit (*infidelitas*), die nach Art. 3 v. J. 1495 und nach Tripartitum II, Art. 75, § 1 dem Urteilsspruch der Landesversammlung unterstehe. Der Vertreter der Anklage beruft sich dagegen auf § 2 des 35. Kapitels und des 51. Kapitels im II. Buch der Dekrete Stephans des Heiligen, wo beide Vergehen gemeinsam genannt werden. Nach langem Streit zwischen Verteidiger und Ankläger wird die Schlußverhandlung auf den 10. Januar 1791 festgesetzt. Der Gerichtshof erachtete die bereits verbüßte Strafe als genügend und stimmte dafür, Franyó jetzt freizulassen. Am 11. Januar wird das Urteil an Leopold II. gesandt, der sich die Überprüfung vorbehalten hatte. Ein von der

Hofkanzlei beigelegtes Gutachten nahm zwar die Argumentation des Gerichtshofes nicht an, riet aber doch zur Milderung der Strafe und zwar zu einer vierjährigen Kerkerhaft in der Festung Munkács. Leopold schloß sich diesem Gutachten an, fügte aber hinzu, daß Franyó nach seiner Freilassung unter Aufsicht bleiben müsse. Franyó verbüßt seine Strafe und erhält 1795 bei seiner Entlassung aus Munkács vierzig Gulden. Er hält sich später in Tóváros bei Totis im Komitat Komorn auf, wo er unter der Aufsicht des Komitats-Vizegespans stand.

III.

Preußens Interessen an Ungarn.

Seit langem hatte Brandenburg bzw. Preußen mehr als nur kirchliche Interessen an Ungarn und Siebenbürgen, das während des Dreißigjährigen Krieges sein Verbündeter war. In dem zitierten Brief Friedrichs d. Gr. an den Bischof von Breslau heißt es, daß es ihm von Vorteil sei, wenn die ungarischen Unzufriedenen sich an ihn wenden: »wenn Wir blos und allein politischen Considerationen Platz geben wollen, Uns mehr zu erfreuen als zu betrüben Ursach hätten .... daß dergleichen Verfolgungen in benachbarten Lande Unsern eigenen Interesse in vielerley Absicht nicht anders als vortheilhaftig sein können.«

Um der Eigenmächtigkeit des Kaisers entgegenzutreten, hatte Friedrich d. Gr. den Fürstenbund geschaffen. Mit größtem Interesse verfolgte dieser die Schwierigkeiten, die Joseph II. durch sein Vorgehen in Belgien, in der Türkei, in Ungarn erwuchsen. Um das Jahr 1787 begann der Berliner Hof die Unruhen in Ungarn besonders scharf zu beobachten. Der Wiener preußische Gesandte, Graf Podewils, berichtet zu Beginn des Jahres 1788 über die Konferenzen des ungarischen Adels, der sich gegen die Verfassungsänderung und besonders gegen die Rücksichtslosigkeit der kaiserlichen Kommissare wandte [14]). Die Berliner Regierung, namentlich Hertzberg, mißt dieser Bewegung zunächst keine große Bedeutung bei. Aber für den Fall, daß Joseph mit seinen militärischen Operationen in der Türkei kein Glück haben sollte, glaubt auch Hertzberg, daß der Kaiser von der ungarischen Nation alles zu befürchten habe, die seinem Hause die größten Opfer brachte und von ihm so schlecht behandelt werde [15]).

Der Widerstand der Türken gegen die Kaiserlichen war stark. Der preußische Gesandte beim Reichstag in Regensburg, Graf Goertz, berichtet an Friedrich Wilhelm II. auf Grund von Nachrichten durchreisender Dänen, daß die kaiserliche Armee durch blutige Schlachten und Krankheiten schon vor dem 15. April 1788 über 12000 Mann verloren habe, die Bevölkerung, die Soldaten und selbst Feldmarschall Lacy höchst unzufrieden seien. Es herrsche Uneinigkeit mit dem russischen Hilfskorps. Gerade von russischer Seite, von dem Baron von Asseburbo, wurde Goertz angegangen, auf eine Friedensvermittlung durch Friedrich Wilhelm II. hinzuwirken [16]. Ein halbes Jahr später, im September 1788, berichtet Goertz dem König, die Lage der Kaiserlichen in Südungarn sei infolge der verlustreichen Defensivmethode Lacys, dem der Kaiser trotz allem Mißerfolg zustimme, trostlos. Goertzens Nachrichten aus Ungarn zeigen, daß man sogar einen Aufstand in diesem Lande befürchte. Der König aber solle diese Lage zur Ausdehnung seines Einflusses im Reiche benutzen [17].

Zwar besagt eine Unterredung des Kurfürsten von Mainz mit seinem Wiener Gesandten Helm im August, der König von Preußen sei mit Österreich und Rußland dieses Krieges halber einig. Der König erhalte, wenn der Krieg günstig ausgehe, auch seinen Teil davon wie von Polen. Friedrich Wilhelm betonte mehrmals seine freundschaftlichen Gesinnungen gegenüber dem Kaiser. So habe er an der Tafel in der Anwesenheit des jungen Grafen von Els gesagt: »Ich möchte wissen, warum der Kaiser seine Truppen auch nicht aus Böhmen zieht, er hat nichts zu besorgen.« Graf von Els machte nachher von diesem Ausspruch in Wien Gebrauch [18]. Aber in Wien blieb man mißtrauisch, und der Hofkriegsrat rüstete neben dem Türkenkriege auch für einen eventuellen Krieg mit Preußen [19]. Der König hatte seine Pläne seinem neben dem Gesandten Podewils in Wien weilenden Residenten, Baron Jacobi-Klöst, gegenüber, der sein Vertrauen in höherem Grade als Podewils besaß, in einem Immediatschreiben vom 14. Oktober formuliert. Nachdem nicht nur Jacobi, der auf seiten der Ungarn stand, sondern auch der österreichisch gesinnte Podewils am 8. Oktober berichtet hatte, daß die Gärung in Ungarn sehr stark sei und man in Wien stets einen Aufstand befürchte, zu dessen Ausbruch weiter nichts fehle, als daß ein fähiger Führer die Fahne erhebe [20], erteilt der König seine Weisungen an Jacobi. Sowohl auf Grund der Wiener Berichte wie auch mündlicher Besprechungen mit Jacobi über Ungarn fordert Friedrich Wilhelm ihn auf, ihm dort unter der Hand Parteigänger zu schaffen, deren er sich in zwei Fällen bedienen könne: Die Ungarn sollten vom Kaiser die Garantierung ihrer Verfassung durch Preußen und die Türkei verlangen, unter der Androhung, sich andernfalls selbständig zu machen. Bei dieser Gelegenheit könne Preußen vielleicht die Abtretung Österr.-Schlesiens erlangen. Sollte aber der stets kränkliche

Kaiser sterben, dann müsse man nach Mitteln streben, um Ungarn selbständig zu machen, und zwar in solcher Weise, daß Ungarn niemals mehr zu einem Lande der Österreicher gemacht werden könne[21]).

Schon am 22. Oktober verfaßte Jacobi seine ausführliche, im allgemeinen noch skeptisch gehaltene Antwort. Er berichtet, wie groß die Erbitterung gegen die Wiener Regierung in Ungarn seit Jahren sei und wie sie durch die großen Lasten des unheilvollen Krieges aufs höchste gesteigert würde. Auch durch den Umstand, daß auf die wiederholten Vorstellungen der Ungarn, ihre Vorrechte betreffend, vom Kaiser keine Antwort gekommen sei, vertiefe sich der Zorn. Andererseits habe der Kaiser allerdings einzelnen führenden Ungarn in Aussicht gestellt, daß er sogleich nach Beendigung des Krieges Maßnahmen treffen werde, die sie zufriedenstellen würden. Zwar glaube niemand diesen Versprechungen, aber die Ungarn begnügten sich damit, zu seufzen und dächten nicht an energische Maßnahmen, um das ihnen auferlegte Joch abzuschütteln. Und vielleicht wäre es sogar eine vergebliche Mühe, diese Nation unabhängig zu machen, die ihre alte Kraft, die sie früher gegen die Despotie einsetzte, im Laufe der jahrhundertelangen Unterdrückung verloren habe. Es seien zurzeit nur ganz wenige Persönlichkeiten im Lande, die die Unzufriedenen führen könnten. Sie schreien alle und erklären sich gegen die Unterdrückung, inzwischen aber sei der Hof geschickt genug gewesen, sich eine Anzahl der vornehmsten Adligen durch Wohltaten und Auszeichnungen zu sichern, ein anderer Teil sei mit österreichischen Adelsfamilien verbunden und selbst ein Teil des protestantischen Adels sei dem Kaiser wegen seines Toleranzediktes zugetan. So stehe etwa die Hälfte des Adels auf der Seite des Hofes, die Bauern aber hegten die Hoffnung, daß durch die von Joseph geplante Verfassungsänderung ihr Los sich erheblich bessern würde. Der Kaiser gedenke auch den Adel zu besteuern, und das erwecke bei den Bauern den Glauben, der Kaiser wolle sie gegen den Adel unterstützen. So könnten die unzufriedenen Adligen nicht auf die Unterstützung der Bauern rechnen. Dazu komme, daß der Kaiser eine mächtige Armee unter Waffen habe, mit der er bald Ruhe schaffen könne. Aber selbst wenn die Unzufriedenen stark genug wären, um die Maske zu lüften, würde der Kaiser bei seinem bekannten Charakter wahrscheinlich den Umständen weichen und den Ungarn schnell ihre Vorrechte wiedergeben, um sie bei nächster Gelegenheit um so sicherer zu vernichten. Diese Maßnahme aber würde sogleich dieselbe Begeisterung in Ungarn hervorrufen, wie sie zur Zeit des Siebenjährigen Krieges für Maria Theresia herrschte. Für den Fall, daß der Kaiser sterben sollte, würde sein Nachfolger, der Großherzog von Toskana, dieselben Maßnahmen treffen. Sollte es dagegen dem König gelingen, mit seiner Armee in Ungarn einzudringen, ehe sich die Nation mit Joseph versöhnt habe, dann würde ein günstig ausgehender Aufstand für die ungarische Unabhängigkeit nicht unwahrscheinlich sein und der Dank Ungarns für die Sicherung seiner Verfassung wäre bestimmt zu erwarten. Übrigens weiß Jacobi zu berichten, daß die duldsame Regierungsmethode Friedrich Wilhelms ihm viele Anhänger verschafft hat. Jacobi schlägt vor, einigen dieser ungarischen Anhänger des Königs mitzuteilen, daß Friedrich Wilhelm den Ungarn gewogen sei, ihnen sein Mitgefühl für das Schicksal der Nation auszusprechen, und zu sagen, daß er nichts sehnlicher wünsche, als ihr Los zu erleichtern, wenn sich eines Tages dazu Gelegenheit böte. Solche Mitteilungen wären geeignet, den Ungarn mehr Entschlossenheit einzuflößen und könnten Ereignisse hervorrufen, die den Plänen des Königs entsprechen würden [22].

Am Berliner Hof wurden die Möglichkeiten ernstlich erwogen. Jacobis Bericht wurde alsbald dem bekannten preußischen General Möllendorf zur Begutachtung übersandt. Dieser machte daraufhin am 17. November dem König Vorschläge für die Revolutionierung Ungarns, die sich im wesentlichen mit den vorsichtigen und skeptischen Ansichten Jacobis deckten. Das Ziel war klar: durch die Unabhängigkeitserklärung Ungarns dieses Land wieder zu einem freien Wahlkönigreich zu machen und dadurch dem Kaiser gewaltige materielle Hilfsquellen und militärische Machtmittel zu entziehen. Aber die Schwierigkeiten waren groß: die starke Armee des Kaisers im Lande, der Mangel eines geeigneten ungarischen Führers und die Degeneration und Verweichlichung des einst so starken Nationalcharakters, der sich seit einem Jahrhundert der Sklaverei beugte. Möllendorff schlug vor zu warten, bis die kaiserlichen Truppen wegen eines anderen Krieges außer Landes wären, dann eine geeignete Führerpersönlichkeit zu suchen, diese an die Spitze der Bewegung in Ungarn zu stellen und schließlich der Nation die Schmach und Ungerechtigkeit darzulegen, die ihr angetan werde, um sie zu einer kraftvollen Handlung vorzubereiten. Wenn aber der Plan schon jetzt durchgeführt werden solle, so könne das nur mit Hilfe der Türken geschehen. Die Türken müßten vorerst im Kriege Erfolg haben, einige Bezirke erobern und diese dann für frei und unabhängig erklären. Darauf sollten die übrigen Komitate und das ganze Königreich aufgefordert werden, sich anzuschließen, einen Freistaat zu bilden, sich nach den eigenen Gesetzen zu regieren und sich so unter der Garantie vermittelnder Mächte als ein unabhängiger Staat zwischen den Kaiser und die Türken zu stellen. Sollte aber ein Krieg zwischen Preußen und Österreich ausbrechen, dann würde der ungarische Adel sich leichter erheben können, da die kaiserliche Armee außerhalb Ungarns wäre [23]).

So beobachtete der König von Preußen und mit ihm die meisten der dem deutschen Fürstenbund beigetretenen Souveräne weiter die Entwicklung der Dinge in Ungarn. Dort war die Unzufriedenheit ständig im Wachsen. Wieder sollten 35 000 Rekruten gestellt werden, die Armeelieferungen verursachten Schwierigkeiten, denn sie wurden nicht mit Zinsen tragenden Papieren bezahlt, wie in den anderen Ländern, sondern nur mit Bons von zweifelhaftem Werte. Dazu kamen die Epidemien; die Sterblichkeit in den Städten und in den Militärkrankenhäusern nahm in erschreckendem Maße zu. Alle diese Umstände hielten den Ausbruch von Unruhen oder eines Aufstandes stets im Bereich der Möglichkeit [24]).

IV.
Das Verhalten Josephs II.

Der Wiener Partner in diesem aufregenden Schachspiel war sehr aufmerksam. Wenn auch Joseph II. nicht ganz über die Ausdehnung der unzufriedenen Stimmung in Ungarn unterrichtet war, so haben doch einzelne Fälle scharfe Schlaglichter auf den Gemütszustand der Ungarn geworfen, der in mancher Hinsicht noch erbitterter war als der hartnäckige Widerstand der Niederlande. Der Hochverratsprozeß gegen Franyó hatte dem Kaiser gezeigt, daß die Hoffnung auf Preußen selbst in die Klöster gedrungen war. Er ließ also die preußische Gesandtschaft noch schärfer beobachten, ihren Verkehr überwachen und ihre Korrespondenz abfangen. Schon im Anfang der preußisch-ungarischen Verbindungen gelingt es dem Kaiser — er weilte bei der zum Türkenkriege gerüsteten, in Südungarn aufgestellten Armee — durch den Geheimen Sekretär Material in die Hände zu bekommen. Am 29. Mai schreibt er an den Staatsminister Graf Pergen (die im folgenden wiedergegebenen Briefe befinden sich im Wiener Staatsarchiv, Habsburger Korrespondenz, Sammelbd. 63): »Aus beyliegenden *intercepto* werden sie ersehen, daß neuerdings hier zwischen Hungarn und dem Jacobi die bedenklichsten Unterredungen gehalten werden; konte man nicht darauf kommen, wer von Hungarn mit selben umgehet? Dieses wäre höchst wichtig, und hat sich die Policey besonders darüber zu bestreben.« Und am 6. Juli fällt ihm wieder ein Brief in die Hände: »Aus diesen *intercepto* werden sie ersehen, daß der Hauptspion des Jacobi wegen Schulden in Arrest ist; dieser Mensch wird nun wohl leicht zu erfahren seyn; welches sie sich bewerben werden.« Aus einem weiteren Intercept Jacobis erhält er Aufschluß über die Verhandlungen ungarischer und siebenbürgischer Magnaten mit der preußischen Gesandtschaft in Wien. Joseph will jetzt mit allem Nachdruck die Angelegenheit geklärt sehen, er mobilisiert am 23. Juli von seinem Quartier in Semlin aus ohne Rücksicht auf hochgestellte Personen die Wiener Polizei; er ergreift Maßnahmen, »um das Übel samt Wurzel auszurotten«[25]. Sein Verdacht richtet sich besonders gegen den in Ungarn sehr volkstümlichen und hochbegabten Führer der Opposition, Graf NIKOLAUS FORGÁCH, den früheren Neutraer Obergespan, der sich in einer Reihe von Flugschriften in scharfem Tone gegen den absolutistischen Herrscher wandte, der wohl »das Glück haben wird, die ganze Welt sich zum Feinde zu machen«. In jenen Tagen war seine »Patriotische Vorstellung an den Monarchen in Betreff der vormaligen Regierungsform in Ungarn. Preßburg bey P. u. Mahler 1788« erschienen und hatte Joseph II. tief empört. Forgách macht dem Kaiser den Vorwurf, daß er der Nation die Freiheit raube, obwohl sein Haus den Ungarn viel zu verdanken habe. Zweimal habe die Nation großmütig der freien Königswahl zugunsten der Habsburg-Lothringer Dynastie entsagt und den Thron für Maria Theresia gerettet. Wenn Joseph die Nation wiedergewinnen wolle, müsse er ihr ihre Rechte wiedergeben, sonst könne er nur auf die wenigen rechnen, die durch Abhängigkeit oder Ehrgeiz dazu getrieben werden, der Macht zu dienen. Er zitiert die Worte MONTESQUIEUS, der Ungarn besucht hatte und über den ungarischen Adel äußerte: »Wir haben es gesehen, wie die österreichische Regierung den ungarischen Adel bedrückt hatte. Sie kannte nicht jenen Schatz, den sie einst in ihm entdecken wird. Sie suchte Geld bei ihm, obwohl er keines besaß. Sie sah aber nicht die Männer, auf die sie sich hätte stützen können. Als so viele Fürsten sich an ihren Provinzen teilen wollten, alle Teile ihres Reiches sozusagen regungslos und ohnmächtig zusammensanken, war nur in diesem Adel Leben, der alles vergaß, um in den Kampf zu ziehen, der es für seinen Ruhm hielt, daß er sterben und verzeihen kann[26].« Der Kaiser war ungemein aufgebracht gegen Forgách und drohte dem Verfasser, dem »dekretierten Narren«, den ihm gebührenden Ort anzuweisen.

Auf Geheiß des Kaisers bot Graf PERGEN die Polizei gegen den preußischen Gesandten auf, um seine ungarischen Beziehungen festzustellen. Die Polizei hatte es aber nicht leicht, da Baron Jacobi während des Sommers nicht in der Stadt, sondern in Hietzing wohnte und die Verhandlungen größtenteils mündlich geführt wurden. Die ersten Spuren deuteten auf Baron Mednyánszky, dessen geheime Korrespondenz aufgefangen wurde. Er selbst wurde dann scharf beobachtet [27]). Während die Fäden zwischen Pest und Berlin eifrig gesponnen wurden, gelang es dem Kaiser, einen der wichtigsten Agenten aufzuspüren:

»10. 8^{bris} früh.

Lieber Graf Pergen, Sie werden aus beyliegender Anzeige ersehen, welche zimlich bestimmt ist, daß eine nähere Aufklärung dieser Umstände das beste des Staats, nicht meiner Persohn, die von der gleichen Schuft nichts forchtet, fordert. Sie werden also mit diesen Schreiben dem Beer selbst nach Pest abschicken, welcher trachten solle, mit diesem Mann bekannt zu werden und ihm gegen Vorweisung seines Schreibens zu überzeugen, daß er sich an ihme anher trauen könne, wornach er auf bestimtere Beweise und Spuren zu komen trachten solle; findet er die Umstände so geeignet, einem offentlichen Ernst gegen jemand durch dessen Aretirung zu gebrauchen, so gebe ich ihme hiemit beygeschlossenen Befehl an' Feld-Marschallleutenant Barco mit, welcher ihme mit Militarassistentz unterstützen solle; die Schuldigen allda wären sogleich nach Wien zu überbringen.

Lugos den $10^{t.}$ Oktober. Joseph mp.

Au President de la Régence Comte de Pergen.

Es handelt sich in diesem Briefe um Baron Carl v. Hompesch, gegen den am 3. Oktober an Joseph II., der in Lugos in Südungarn weilte, eine Anzeige wegen Hochverrats gelangte. Der Kläger Christoph Stoll, ein württembergischer Jüngling, war Erzieher bei dem Baron Joseph Orczy und wurde in die Einzelheiten einer Verschwörung eingeweiht, die Baron Orczy mit seinem Bruder, dem Statthaltereirat Ladislaus Orczy begonnen hatte und in der Hompesch eine wichtige Rolle zugedacht war. Im Bündnis mit der Türkei und mit Polen sollte ein Aufstand organisiert und die ungarische Krone einem englischen Prinzen angeboten werden. Hompeschs Lebensschicksale hat die Geschichtsforschung bereits aufgedeckt [28]). Er ist in kurzer Zeit aus einem deutschen Freiherrn zu einem eifrigen ungarischen Patrioten geworden, ließ sich auf ungarische Art einen Schnurrbart wachsen und trug mit Vorliebe ungarisches Nationalkostüm. Nur selten hat er die Uniform der österreichischen Armee angelegt, in die er eingetreten war, als er gegen den Willen seiner Eltern nach Ungarn kam. Als Hauptmann verließ er alsbald wieder den Militärstand und widmete sich im Frühjahr 1788 dem Handel. Er reiste nach England, um dort Verbindungen anzuknüpfen und erfuhr dort von dem Kriege Josephs gegen die Pforte. Er eilte nach Ungarn und bot sich dem Kaiser zum Heeresdienst an. Zugleich aber stand er mit den unzufriedenen ungarischen Herren in Verbindung. Joseph lehnte das Anerbieten Hompeschs natürlich ab, obzwar dieser im Rufe eines tüchtigen Offiziers stand und suchte nach Beweisen, um Hompesch verhaften zu lassen. Pergen berichtet nun dem Kaiser:

Euer Majestät,

mit Schaudern habe ich die Beylaag Ewer Mytt. gnädigsten Hand-Billete von 10. dieses gelesen, ohngeachtet die Unverschämtheit, mit welcher nach denen eingetroffenen Berichten, welche Ewer M. von Zeit zu Zeit vorgeleget worden, in Hungarn offentlich gegen allerhöchste Vorkehrungen gesprochen wird, eine vorseyende Gährung in diesem Königreich deutlich voraus ankündigten; der in der Anzeige benante Hompesch ist ein bekannter Freiheits-Schwärmer und zu allen enthousiastischen verwegenen Unternehmungen aufgelegt; auch wegen seiner Vernunft und Verstellungskunst insinuant und sehr gefährlich. Er ist mit seinem Vatter, welcher große Güter in dem Jülchischen hat, ganz wegen seines Freiheitsgeist und Ausschweiffung abgeworffen; und seine Persohn hat durch seine gefährliche Äußerungen gegen seine Bekannte über den Zustand in Hungarn schon vor geraumer Zeit so verdächtig geschienen, daß ich seine Adresse dem geheimen *Secretaire* v. Cronenfels durch den v. Beer zugeschicket.

Diesen letzteren hab ich heute früh nach Ewer Mays. Befehl nach Offen in gröster Geheim expediret, und ihme die Anzeige, das Schreiben an General Barco und die Abschrift des an mich erlassenen Billets zur Instruction mitgegeben; ich habe mich nebst deme über seine Benehmungsarth mit ihme ausführlich besprochen, weil nicht zu vermuthen ist, daß seine Erscheinung zu Offen und Pest verborgen bleiben wird, folglich seine Anwesenheit, da sein Nahme sehr bekannt ist, Aufsehen erwecken wird; auf seine Bescheidenheit aber können Ew. May. zählen.

Ich habe eben einen besonderen Umstand in Erfahrung gebracht, welchen ich zu benutzen trachten werde. Es werden nehmlich die Uniforme, von welchen in der Anzeige Meldung beschiehet, wird allhier verfertiget, und ich hoffe auf die Spuhr zu kommen, wer sie angeordnet hat, welches zum Aufschluß verschiedener gefahrlicher Persohnen und Umständen dienen könnte; überhaupt ist es höchste Zeit derley Meutereyen, welche täglich ausbrechen könnten, vorzukommen.

Ohngeachtet alle Mühe war es doch nicht möglich, einen Hungarn zu entdecken, welcher geheime Besuche bei dem Preußischen Minister Jacobi ablege, da doch eine jede Persohn täglich bekannt ist, so sich in seiner Behausung mit ihme beschäfftiget; auch gehen alle gefährliche Anträge nur von Mund zu Mund und nicht schrifftlich, auch vermuthlich durch dritte Hand, doch habe ich alle mögliche Weege, so mit der Vorsichtigkeit immer vereinbahrlich seynd, eröffnet, um von allen in Zeiten unterrichtet zu seyn, und Ew. May. müssen der von der Polizey gemachten Entdeckungen in Handen haben; auch ist dieses wechselseitige Vertrauen Ewer May. Dienst sehr nützlich; überhaupt zeiget sich, daß die Vertraulichkeit zwischen der Englisch. und Preußischen Gesandtschafft täglich zunehme, und die Abreyse des Englischen Gesandten scheinet gantz einen anderen Gegenstand als seine persönlichen Geschäffte, wie er vorgiebet, zum Grund zu haben, — wovon Ewer May. besser als ich unterrichtet seyn müssen. Gott bewahre nur Ewer May. geheiligte Persohn, für welche jeder ehrliche Patriot bey gegenwärtigen Umständen zittert, besorgt ist; ich werde nichts vernachlässigen, was nur in meinen Kräften ist.

Meine schlechten Augen erlauben mir nicht, besser zu schreiben; ich bitte allerunterthänigst um Nachsicht.

Wien, den 15t. Oktobris 1788. Pergen.

Ihre Schrift ist sehr gut zu lesen; was Sie veranstaltet haben, ist gantz gut, und wünsche nur, daß wir den rechten Vogel fangen; wegen Uniforms wird die Erkundigung sehr gedeihlich seyn. Leben Sie wohl, auf was mich anbelangt, wann nur meine Sachen alle so giengen, wie ich es wünschte, ist mir wenig, was mit meiner Persohn, die ein wintziger gegen Millionen Menschen, geschiehet, gelegen. Keith hat sich durch seine Unbescheidenheit gegen Larmarths selbst den Hals gebrochen; er ist rapellirt und komt nicht mehr zurück.

Joseph M. p.

Der Wiener Polizeichef Hofrat v. Beer kam am 17. Oktober in Pest an, stieg bei dem Pester Polizeidirektor Major Perczel ab, der schon Franyó verhaftet hatte. Christoph Stoll sammelte nun weiteres Material und meldet am 3. November, daß Baron Joseph Orczy den

Plan hatte, persönlich nach Berlin zu fahren, um Hertzberg für die Sache Ungarns zu gewinnen; Baron PODMANICZKY aber sollte nach London fahren, um die ungarische Krone einem englischen Prinzen anzubieten. Es wurde auch daran gedacht, Joseph gewaltsam den ungarischen Thron zu entreißen. Da es aber nicht gelang, konkrete Beweise zu erlangen, konnte der Kaiser keine Verhaftungen vornehmen lassen [29]).

Inzwischen ist es der Wiener Polizei gelungen, die Namen der Adligen festzustellen, die ungarische Uniformen in Wien bei einem ungarischen Schneider anfertigen ließen. Die Uniformen bestanden aus weißen Pelzen mit reicher Goldverschnürung, braun verbrämt, gelben Westen mit doppelten Epauletten und roten Beinkleidern. Einer der Besteller war Graf FRANZ FESTETICH aus Ödenburg in Begleitung eines Engländers (offenbar Baron Hompesch). Weitere Uniformen und die dazugehörende Ausrüstung wurden vom Grafen IGNAZ FESTETICH und Grafen ERDÖDY bestellt [30]). Pergen berichtet:

Euer Mayestätt!

Eben erhalte ich beygehende Auskunfft auf meine der Uniforme halber veranstallte Nachforschung. — Da mir bekannt ist, daß Hompesch viel in dem Haus des Festeticz zu Oedenburg wäre, ersterer auch in meiner Gegenwart in Baaden, als das Gespräch von dessen Freyheitsschwärmerey ware, als ein wahrer Patriot benamset wurde, so dörfte der Engelländer, von welchem die Frage ist, nach der Beschreibung der Schneidergesellen der nehmliche Carl Hompesch seyn, dessen Persohn mir ganz wohl bekannt ist. Es wird sich aber alles durch den Auftrag des v. Beer aufklären. Ich ohnermangle alle Pacqueten und Adressen, so mir durch die ohnunterbrochene Wachtsamkeit der Polizey zukommen, dem Hoffrath Cronenfels gleich zuzuschicken;

bey Jacobi ware ohnmöglich, annoch auf eine Spur zu kommen, weil derselbe auf eine ganz besondere Art vorsichtig hierinnen ist; diesen Morgen habe ich ein *paquet* von ihme an den Schwedischen Gesandten zu Handen bekommen, welches ich sogleich dem Hoffrath Cronenfels geschicket und, wie ich vernehme, eine Dancksagung für einen ihme comunicirten Plan und der *ordre de bataille* bey Dubiza enthalten. Dieser Jacobi von denen Englischen, Holländischen und Schwedischen Gesandten unterstüzet, arbeitet Tag und Nacht, um die Gemüther allhier gegen alles, was vorgehet, aufmerksam und das *publicum* kleinmüthig zu machen, dessen Eindrücke durch meine Ausstreuungen so viel möglich ohne Aufsehen ohnwürcksam zu machen, mich bestrebe, obschon unbeschreiblich ist, wie niedergeschlagen das *publicum* über die von Zeit zu Zeit einlaufende Nachrichten von denen Kriegsvorfallenheiten, welche man immer lang vor dem Extrablatt weis, sich befindet.

Man äußeret sich ohne Bedencken, daß Ew. May. bey dero *armée* nicht genug in denen Kriegs-Unternehmungen unterstüzet und der Muth bey dero *armée* ganz gesunken seye; die Brieffe von den Läuthen sind auch alle ganz muthlos, nur seithdeme Ew. M. dem Feldmarschall LAUDON zu der Hauptarmée beruffen, glaubet man einen von Ew. May. gefaßten Entschluß eines würcksamen Kriegsplan zu entdecken und ist wieder mehr aufgemuntert, und wenn eine einzige glückliche Begebenheit durch Einreitung einiger Postillionen, worauf das Volk von vorigen Zeiten gewohnet ist, angekündigt würde, wäre alles Vergangene vergessen.

Die Erklärung des Königs von Preußen bey dem Pohlnischen Reichstag, welche die aliirte Gesandtschafften außerordentlich erheben, so wie sie auch würcklich der Vorboth weiterer Unannehmlichkeiten ist, erreget allhier die gröste Besorgniß eines Kriegs mit Preußen, weilen man die hohe Sprach der Russischen Kayserin besorget, und man wundert sich, daß Ewer. May. bey diesem Reichs-Tag, welcher einer der interessantesten werden muß, keinen eigenen Bottschaffter haben, und den Russischen Bottschaffter das Wort für beyde reden lassen.

Der Englische Gesandte gehet übermorgen von hier nach Engelland und der *chargé d'affaire* HAMON ist seith 8 Tagen allhier. — GROSSINGER ist noch nicht angekommen; ich vermuthe, er wird sich nur gegen mich äußern wollen, vielleicht macht man durch selben Entdeckungen einiger Berather, worüber Ewer May. besonderer Bericht erstattet werden wird.

Ich bitte um Verzeihung, daß ich von so verschiedenen Gegenständen Meldung mache, aber E. May. seynd der kleinsten Ursachen von jedem bekannt, weswegen ich bloß aus Dienst-Eyfer alles ansehe.

Diesen Augenblick erhalte ich Ew. May. allergn. Bescheid auf mein Schreiben vom 15 h. Ich küsse die Hand für die gnädigsten Ausdrücke als ein unvermögender, aber getreuer Diener; daß Ew. May. sich für ihre Unterthanen aufopfern, ist bekannt; aber bedencken Ew. May. daß eben das Glück und Unglück so vieler Millionen Menschen, und zwar von Dero Erhaltung ersteres und von Dero Vernichtung letzteres abhenget; alle getreuen

Unterthanen seynd für Ew. May. Leben in der größten Beängstigung; Gott möge das Beste thun.

Pergen.

Wien, den 25t. Oktobris 1788.

Vom Kaiser darunter geschrieben:

Dieses nehme ich alles einstweilen zur Nachricht, ich bin begierig zu erfahren, was der Polizeydirector wird ausgerichtet haben. Daß eine förmliche Anspinnung mit dem Preußischen Hoff bestehet, ist sicher; auf den Grund aber zu kommen, wird Mühe kosten, jedoch lohnet es derselben, da mir bewußt, das man mit dem Gedancken, für die hungarische Constitution die preußische Garantie zu verlangen schwanger gehet.

Joseph mp.

Ewer Mayestätt,

die allerhochste Handschrift auf meinen letzten Vortrag zeiget, daß Ewer Maytt. den Ausschlag der dem von Beer aufgetragenen Commission zu erfahren wünschten; hierauf muß ich anzeigen, daß ich von selben in diesem Geschäfft keinen Bericht erhalten, wohl aber aus dessen Schreiben an den Adjuncten der Polizeidirection Weiss ersehen, daß selber in wenig Tagen anhero eintreffen werde, wo ich alsdann Ewer Maytt. von allem zu unterrichten nicht verweilen werde. Indessen verabsäume ich nichts, um einige über die Einverständniß einiger meyneidiger Hungarn mit dem Preußischen Hoff lichtgebende Umstände zu entdecken; zu diesem Ende habe ich bereits verschiedene verdächtige Adressen an den Hoffrath v. Cronenfels überreichen lassen, allein die Vorsicht, so diese verworffenen Menschen gebrauchen, ist unbegreifflich, und ich zweiffle sehr, daß durch die Correspondenz viel zu erfahren seyn wird, als vielleicht die durch aus herschende Unzufriedenheit der Hungarischen Nation und der feste Entschluß, alles daran wagen zu wollen, um ihre alte auf Nachgiebigkeit der vorigen Regenten sich größtentheils gründende Constitution zu behaupten und bey rechter Gelegenheit, wo Ewer May. in Verlegenheit gerathen und der Krieg mit den Türken übel ausschlagen, oder mit Preußen ein Krieg entstehen wollte, eine Garantie zu erwürken und von darum alles beyzutragen, daß Ewer Mtt. Waffen einen unglücklichen Fortgang gewinnen mögen; der Enthousiasmus scheint auch so weit gestiegen zu seyn, daß bloße Gewalt oder Zwang diese Leuthe schwerlich mehr in das rechte Geleiß bringen werden; welch alles Ewer Mtt. am besten beurtheilen können; die Arrettirung des Grossinger wird vielleicht dienen — wenigstens benuze ich solche so gut als möglich — um ein und anderen Aufschluß des Zusammenhangs der Hungarn mit dem Preußischen Hoff zu geben.

Ich habe mich gezwungen gesehen, ohne Ewre Mtt. Befehle abzuwarten, diesen Arrestanten selbst zu vernehmen, weilen er seiner Gesundheit halber sehr darauf gedrungen, mit dem Beysatz, daß, wenn er sterben sollte, verschiedene Umstände den Preußischen Hoff betreffend Ewer Mtt. verborgen bleiben dörfften; ich muß auch bekennen, daß er über verschiedene Gegenstände, als den Canal, durch welchen die Preußische Correspondenz von Wichtigkeit nach Constantinopel gehet: nehmlich über Madrid, über die politische Absichten des Preußischen Hoffs, den Fürstenbund und dergleichen einige erhebliche data an Hand giebt, und sich zu Ausarbeitung all derer politischen Materien anerbiethet, welche ihm werden aufgetragen werden; er beruffet sich auf einige Pièccen die er Ewer Mtt. geschicktt haben solle, welche sich aber unter jenen nicht betreffen, so von Ewer Mtt. an mich durch die Rissingische Correspondenz geschicket worden sind.

Ich habe ihm aufgetragen alle puncta, worüber er sich gegen mich mündlich geäußert, schrifftlich zusammen zu fegen; besonders auch was Hungarn betrifft; sobald ich solche Arbeith erhalte, werde ich sie Ewer Mtt. schuldigst befördern, sie scheinen nicht ganz unbedeutend . . . . .

Ich habe vergessen oben zu melden, daß Grossinger unter denen verdächtigen Hungarn eben einen jungen Orcy genennet, welcher an ihn selbst geschrieben hat, habe, um ihn zu einigen Ausarbeitungen zur Vertheidigung der Hungarischen Constitution aufzumuntern.

Ich werde nichts unterlassen, was immer von mir abhanget, um auf den Grund der geheimen Verrätherey zu kommen, obschon, wie Ewer Mtt. solches allgdgst. anführen, solches nicht leicht seyn wird; was Beer rapportieren wird, muß auch näheres Licht geben. Pergen.

Wien den 8ten 9bris 1788.

(Randbemerkung des Kaisers zum vorletzten Absatz:)

Dieses dient zur Nachricht, und werden wir nur trachten, von Grossinger zu erfahren, welcher Orcy ihme geschrieben, da einer Königlicher Comissarius ist. Joseph mp.

V.

Grossings Nachrichten über die Wege der Verbindung zwischen Berlin und Ungarn.

Während in Wien belastendes Material gegen die Verschwörer, besonders gegen Hompesch gesammelt worden ist, brachte die Verhaftung einer anderen verdächtigen Gestalt, des Franz Rudolf Grossing, neues Licht über die preußisch-ungarischen Bestrebungen. Grossing gehörte zu jener Gruppe von Abenteurern, wie sie als Nachkommen der fahrenden Ritter in der Zeit der Aufklärung in der Nähe der Fürstenhöfe auftauchten. Diese haben nach den Türkenkriegen gern das wiederauflebende Land der neuen großen Möglichkeiten: Ungarn zum Tätigkeitsfeld erwählt, wo die Kolonisierungsarbeiten und die neuen Einrichtungen viele unternehmungslustige Abenteurer anlockten. Ein großer Teil dieser fahrenden Ritter stammte aus Preußen und dem Reich, war adliger Herkunft oder gab vor, es zu sein, umgab sich gerne auch mit der Mystik einer hohen Abstammung, war entweder verarmt oder durch das unruhige Blut hin- und hergetrieben. Sie haben politische Pläne geschmiedet, rege Beziehungen zu dem Preußen Friedrichs d. Gr. aufrechterhalten, zahlreiche Fäden zwischen Berlin und Pest gesponnen und neue Posten für sich gesucht. Mehrere von ihnen haben auch die Gefängnisse Friedrichs d. Gr. kennen gelernt. Zu diesem Typus gehörten die beiden Freiherren von Trenck, deren Lebensschicksale Jókai trefflich in Romanform kleidete. Sie waren Männer der Feder und des Schwertes, Pamphletisten, sie haben die Broschürenflut jener Zeit bedeutend vergrößert; auch eine Anzahl von Literaten, literarischen Abenteurern war da, darunter der aus dem Wetzlarer Goethekreis und dem Berliner Kreis Nicolais hervorgegangene Heinrich Gottfried von Bretschneider, der als Verwaltungsbeamter, Bibliothekar, Schriftsteller und Aufklärer sich für den josephinischen Gedanken in Ungarn einsetzte. Zu ihnen gehörte auch Karl Heinrich Ritter von Lang, der Verfasser der »Hammelburger Reisen« und anderer satirischer Schriften. Er kam als Erzieher einer Magnatentochter nach Ungarn. Seine interessanten Lebenserinnerungen sind in einer Neuauflage erschienen und enthalten auch seine Erlebnisse in Ungarn [21]).

Zu diesen sehr beweglichen, skrupellosen politischen und literarischen Abenteurern gehörten die beiden Brüder Grossing. Der Verhaftete war in Wien sowohl wie in Berlin eine bekannte Gestalt, nicht minder interessant als der berühmte Weltbetrüger, sein würdiger

Vorgänger Cagliostro, oder Gaßner, Schrepfer und andere Schwindler. Wie Cagliostro hat er mit der Gründung von geheimen Gesellschaften und durch kecke Ausnutzung der Leichtgläubigkeit der Menschen, besonders der Frauen, seine Erfolge erreicht. Beschrieben wurde das *Leben und Schicksale des berüchtigten Franz Rudolph von Grossing, eigentlich Franz Matthäus Grossinger genannt, nebst der Geschichte und Bekanntmachung der Geheimnisse des Rosenordens* von FRIEDRICH WADZECK, Professor der Litteratur und des Styls beim Königl. Kadettenkorps in Berlin. Berlin 1789. Nach den in diesem Enthüllungspamphlet mitgeteilten Dokumenten ist Grossing in Komorn als Sohn des Fleischermeisters und Ratsherrn Franz Grossinger geboren. Mit seinem Bruder JOSEPH wurde er im Jesuitenkollegium in Ofen erzogen und wurde später selbst Jesuit. Nach Auflösung des Ordens wird der Exjesuit ein Freund schöner Damen der Gesellschaft, wird in Wien Maria Theresia vorgestellt und gibt sich halb und halb für deren Sohn aus. Maria Theresia ernennt ihn zum Titularhofsekretär. Als Freimaurer sucht er durch den Kreis der ungarischen adligen Leibgarde Eingang in die Hofgesellschaft. 1782 von Joseph II. entlassen, wegen Schmähschriften verhaftet, dann freigesprochen, verübt er Betrügereien, beschneidet Dukaten und wird deshalb des Landes verwiesen. Er treibt sich im Reiche umher und teilt Abschriften und Nachrichten aus dem Wiener Kabinett mit. Diese Nachrichten ließ er nicht allein kleineren deutschen Höfen zukommen, sondern er ließ auch das preußische Kabinett seine Bereitwilligkeit erkennen, erhielt jedoch von Friedrich d. Gr. die Antwort: »Je ne veux pas les secrets de tel homme« [32]). Er zieht nach Leipzig und dann 1785 nach Halle. Nun versucht er es mit der Schriftstellerei. Er flickt Bruchstücke aus allerlei Büchern zusammen, und schon sein erstes Buch mit dem großsprecherischen Titel: *Freimütiger Briefwechsel zwischen zwei teutschen Reichsständen über Bayerns gegenwärtige Angelegenheiten* (1778) erreicht trotz grober Sprachfehler in kurzer Zeit 19 Auflagen. Von den mir bekannten 23 Büchern, die Grossing unter seinem Namen herausgegeben hat, ist besonders sein *Ungarisches Staats- und Regimentsrecht*, das 1786 in Halle lateinisch und deutsch erschienen ist, berüchtigt geworden. Er sucht darin den Nachweis zu bringen, daß Ungarn stets ein Erbkönigreich war und nie ein Wahlkönigtum hatte. Er will das Buch schon 1777 Maria Theresia vorgelegt haben und verwahrt sich gegen die Behauptung, daß es von einem seiner Korrespondenten, von PÁRNICZKY [33]) oder von dem ungarischen politischen Schriftsteller BENCZÚR verfaßt sei [34]). Nachdem es Grossing gelungen war, durch diese Veröffentlichungen seinen Namen in der Öffentlichkeit bekanntzumachen, benutzte er mit richtigem Instinkt für die Neigung seiner Zeit zum Mystischen die damals herrschende Mode der geheimen Gesellschaften. Er rechnete auf den Hang der Damen zur Wohltätigkeit, zur Betätigung auf gesellschaftlichem Gebiet, und um diesen für seinen persönlichen Nutzen fruchtbar zu machen, schuf er nach dem Muster der in Frankreich überall auftretenden Frauenvereine eine geheime Gesellschaft, die über die Damen der ganzen Welt ihr Netz legen sollte, den berüchtigten Rosen-Orden. Die Verpflichtung zur Geheimhaltung übernahm er von den Freimaurern, die strikte Unterordnung von den Jesuiten. In der Gesellschaft verbreitete sich schnell die Nachricht von einem mystischen Geheimorden, einem alten karitativen Orden, der sich mit den großen Interessen der Menschheit beschäftigt. Jede Frau kann ihm beitreten, sie muß nur ihren Lebenslauf, eine Schrift, in der sie sich zur Geheimhaltung verpflichtet und zwei Dukaten an Henriette Rosenwald in Halle einsenden. Erst später stellte es sich heraus, daß die Dame mit dem poetischen Namen ein Gebilde aus Grossings Phantasie war, und daß die Dukaten in seine Taschen flossen. Der Orden blühte alsbald auf. Die vornehmen Frauen beeilten sich, als Rosendame aufgenommen zu werden. Die Pflichten der Mitglieder waren Aufklärung, Freundschaft, Menschenliebe und Edelmut. Es wurden einzelne Orts- und National-Rosen gegründet [35]. Grossinger selbst ernannte sich zum ständigen Generalsekretär des Ordens, der alle amtlichen Schriften empfing und vor allem die Dukaten. Mit genialer Findigkeit und Menschenkenntnis führte er die Verpflichtung zur Geheimhaltung, die Aufrechterhaltung der Etikette durch. Die Großmeisterin des Ordens ist eine Prinzessin. Sie hat den Ordensnamen Flora von Blumenfeld. Gräfinnen, Freifrauen und vornehme Bürgerfrauen treten bei. Ihrer aller Eitelkeit wird befriedigt, und auch die der Rosen-Herren, die im späteren Verlauf der Entwicklung zugelassen werden. Der Rosen-Orden verbreitete sich in Deutschland, Polen, Österreich und Ungarn. Besonders in Oberungarn fand er vornehme Mitglieder, so im Kreise der THERESE VON RADVÁNSZKY, einer der anmutigsten Frauengestalten des 18. Jahrhunderts [36]. Es haben sich Reste von Protokollbüchern erhalten, durch die wir Einblick in die »Spaziergänge« (Sitzungen) der Ortsrosen von Neusohl und Kaschau gewinnen. Der Leiter der Neusohler Ortsrose war MICHAEL PÁRNICZKY, den einige für den eigentlichen Verfasser von Grossings *Ungarischem Staats- und Regimentsrecht* hielten (vgl. oben S. 26). Er gewann eine Anzahl von adligen Damen für den Orden, vor allem aus den Familien Radvánszky, Prónay, Beniczky, Podmaniczky usw.

In Kaschau, dessen Rose als »Mainz« bezeichnet wird, war der Studiendirektor Graf LUDWIG TÖRÖK, der Schwiegervater des Dichters FRANZ KAZINCZY 37), ein Freund geheimer Gesellschaften, der Freimaurer und ein begeisterter Rosenkreuzer. Grossing behauptet, er habe von ihm nach seiner Aufnahme in das Roseninstitut verlangt, aus dem Freimaurerorden auszutreten; ob mit Recht, muß dahingestellt bleiben, da nach den Grundsätzen des Roseninstituts die Mitglieder beiden Orden angehören durften. Auch Franz Kazinczy selbst war, ebenso wie Therese von Radvánszky, Mitglied der Kaschauer Ortsrose. Die Mitglieder erhalten schöne Ordensnamen, um das Geheimnis besser zu wahren. Sie hießen Auguste von Felsenthal, Pulcherie von Blumenbach, Julie von Feilchenthal usw. Franz Kazinczy hieß »Koloman Fichtenbach«, Therese von Radvánszky »Angelica Altersburg«. Als Zeichen der Mitgliedschaft trugen sie das Wahrzeichen des Ordens, die Rose, im Kupferstich und darunter die Silhouette der angeblichen Frau von Rosenwald. Die Gesellschaft hatte ihr Patent, Zeichen, Siegel, ihren Almanach, genannt das Rosenband. Alle diese Allegorien waren bis ins einzelne berechnet, um die empfindsamen Damen zu fesseln. Die Neulinge hießen Dornen und wenn sie ordentliche Mitglieder — Rosen — werden wollten, mußten sie vorher ihre Liebe zur Gärtnerei, d. h. zum Rosen-Orden durch ihre Tätigkeit bei den Spaziergängen, d. i. den Sitzungen des Ordens beweisen. Sie unterrichteten Bauernmädchen, lehrten sie lesen, schreiben, sticken usw. Der Generalsekretär korrespondierte mit etwa 3000 Personen 38), er gab Bücher und Zeitschriften für die Mitglieder heraus, wie: *Lehrreiche Erzählungen, Scenen zur angenehmen und nützlichen Unterhaltung, Innocentia: Originalerzählungen und Reiseabenteuer für junge Damen, Luise von Lilienwald, Mythologisches Hand- und Lehrbuch*, welche sie, besonders die moralischen Lektüren aus *Flora, ein Journal von und für Damen* (Halle 1786. 4 Bde.), aus *Rosenblatt von und für Damen* (ebd. 1786, Bd. 1—2) und aus dessen Fortsetzung, der *Monatsschrift für Damen* (1786 bis 1787) bei den Spaziergängen (Sitzungen) fleißig lasen und natürlich in vielen Exemplaren kauften.

Grossing gab auch ein *Damenjournal* heraus, »zum Besten armer Mädchen«, das sich zwei Jahre lang hielt. Das Journal hatte Beiträge wie: Die Kunst der Dame (Obsteinmachen, Hautpflege), die Errichtung einer Damenuniversität wird gefordert mit einem Rektor an der Spitze usw. 39). Dann ging das Journal ein und die »Rosen« verloren sich nacheinander.

Grossing führte auf Kosten des Ordens ein prächtiges Leben,

hielt einen Hof, hatte Dienerschaft, Maitressen; eine dieser Frauen ernannte er zur Rosendame, was im Kreise der vornehmen Mitglieder Widerspruch erregte. Auch in Berlin setzte er seine schriftstellerische Tätigkeit fort; u. a. gab er ein *Staatenjournal* heraus [40]).

Nachdem die Einkünfte aus dem Rosen-Orden ausblieben, ließ sich Grossing als Graf oder Baron in betrügerische Wechselgeschäfte ein, beleidigt, nachdem er schon früher einen Skandal mit Professor FORSTER in Halle gehabt hatte, in Berlin FRIEDRICH NICOLAI, wird unter Bewachung gestellt, entweicht heimlich, hält sich unter dem Namen eines Kaufmanns in Steinfurt in Westfalen auf, taucht dann wieder auf als ein englischer Graf, LORD STAFF, und betrügt den gutherzigen Reichsgrafen FUGGER, der ihm auf einem Gute Zuflucht gewährte. Inzwischen spinnt sein unruhiger Geist neue Fäden, schmiedet neue Pläne und sucht durch ein neues Buch den Harmonie-Orden zu errichten [41]), der schon von Adams Sohn Seth gegründet worden sein soll und dessen Mitglieder angeblich Moses und Christus gewesen seien. Nun sei Lord Staff gekommen, um den Orden zu neuem Leben zu erwecken. Er plant Klostergründungen mit Keuschheits-, Gehorsams- und Armutsgelübde, mit Oberinnen und einer ganzen Hierarchie. Daneben sollte zur Finanzierung eine Bank als Aktiengesellschaft gegründet werden. Zur Anmeldung für diese Bank sollte man »sich nur an die moralische Frau von Rohr in Augsburg wenden, die gäbe viele Zinsen«. Als der steinreiche Lord Staff beging Grossing noch andere Hochstapeleien. Mit einem geschickt ausgeklügelten Gutskauf in Hierlingen betrügt er den österreichischen Grafen ATTEMS und entführt noch dazu die Gräfin samt ihrem Schmuck. Als das Paar, steckbrieflich verfolgt, in Reutlingen gefangen wird, kam die Gräfin ins Kloster, Grossing aber am 1. November 1788 in Eisen geschlagen nach Wien [42]). Schließlich widerfuhr ihm noch die Ehre, das Schicksal edler politischer Märtyrer teilen zu dürfen, indem man ihn nach Kufstein schickte. Noch in den zwanziger Jahren des 19. Jahrhunderts hat er sich schriftstellerisch betätigt [43]). 1830 starb er.

Grossing war eine giftige, rachedurstige Reptilnatur. Er biß nach allen Seiten, wenn man ihn trat, und denunzierte nach rechts und links. Er drängte sich überall hinein und erfuhr so auch vieles über die preußisch-ungarischen Beziehungen. Seine Kenntnis auf diesem Gebiet hat er auf Wunsch Josephs II. während seiner Haft in Wien niedergeschrieben. Er war am 1. August 1786 nach Berlin gezogen und hat dort, trotz seiner großen Verschwendung, vergeblich versucht, eine Rolle zu spielen. »Er ließ sich bei verschiedenen Großen melden, schickte seine fürs Beste der Menschheit so wichtigen Werke, sauber in Marmorband gebunden, an Minister und Räthe; allein nur einer hatte die Gnade, ihn einmal zur Tafel zu ziehen, kurz, auch hier schlug es ihm fehl. Nach allen diesen mißlungenen Versuchen sah er wohl ein, daß der preußische Hof nicht seine Sphäre sein könne, er zog sich also wieder in sich zurück« [44]). Grossing hatte in Berlin auf die Minister Hertzberg, Wöllner und auf Bischoffswerder gehofft. Der Oberst von Bischoffswerder, Flügeladjutant des Königs, war eine charakteristische Gestalt dieser zwischen Aufklärung und Okkultismus, zwischen platter Nüchternheit, phantastischer Andächtelei, schwüler Mystik hin- und herschwankenden, unausgeglichenen Zeit Friedrich Wilhelms II. Während unter dessen Vorgänger, Friedrich d. Gr., die klare Vernunft regierte, Kant lehrte, Mendelssohn für die Aufklärung wirkte und der platte Apostel der Nüchternheit, Friedrich Nicolai, mit seinen Schriften gegen jede Unklarheit zu Felde zog, drängten sich jetzt immer mehr die verworrenen Köpfe der Okkultisten in den Vordergrund und betörten das Volk mit Alchymie, Kabbala und Theosophie. Solche Mystiker waren auch Bischoffswerder, der einen großen Einfluß auf den König besaß, und der ehrgeizige und gewandte Minister Wöllner, die ihn in den Orden der Rosenkreuzer hineinzogen und hier von Grad zu Grad steigen ließen. Bei ihnen suchte auch Grossing einen geeigneten Boden für sich. Aber überall mußte er sich abgelehnt sehen. Nur der jenen Kreisen völlig fernstehende Hertzberg scheint ihn einmal zur Tafel gezogen zu haben. Er wird es sein, den Wadzek an der oben angeführten Stelle im Auge hat [45]). Schließlich schickte Grossing, erbost über das Verhalten der preußischen Behörden, die wegen seiner Betrügereien gegen ihn einzuschreiten begannen, ein Pasquill an Friedrich Wilhelm II. [46]). Der König schreibt daraufhin an Carmer am 23. März 1788:

»Mein lieber Großkanzler von Carmer! Der berüchtigte Grossing legt abermals in den Anlagen einen neuen Beweis von seiner schwarzen, mit Bosheit ganz erfüllten Seele ab. Wenigstens kann ich sein Anführen nicht anders als für falsche grobe Verläumdung halten, und muß Euch überlassen, was ihr darüber zu verfügen, und gegen diesen groben Verläumder zu veranlassen nöthig finden möchtet. Ich bin Euer wohl affektionierter König.«

Grossing verleugnet sich nicht. Er kann es nicht unterlassen, darauf zu antworten und richtet an den König folgendes Schreiben, das den Mann treffend charakterisiert:

Au Roi de Prusse à Potsdam.

»Sire,

Mir ist die Cabinetsordre sehr gut bekannt, die Eure Majestät auf mein Schreiben an den Großkanzler bloß darum haben ergehen lassen, weil Sie vom Bischofswerder, Wölner, Zedlitz, Hoffmann, Eisenhardt so und nicht anders gestimmt worden sind.

Ich wiederhole noch einmal, was ich schon in meinem ersten Brief geschrieben habe, setze bloß zu Eurer Majestät Nachricht noch dazu

1° daß mein Sturz in Berlin durch Wiener Geld erkauft worden ist.

2° durch Judengeld.

3° durch Freimäurergeld, das Wort Freimäurer so genommen, wie die Berliner Freimäurer sind.

4° daß die von oben erwähnten Leuten erschlichene Cabinetsordre von Eurer Majestät noch sehr bereuet werden wird, wenn Sie selbe Ihrer Pflicht gemäß nicht widerrufen.

Es war bloß Höflichkeit von mir, daß ich Sie in meinem ersten Brief um Gerechtigkeit bat. Ich brauche Ihre Staaten nicht, hab sie nie gebraucht, und bin nicht gewohnt zu bitten, wo ich zu fordern berechtigt bin.

Ich fordere Sire!

1° daß die von dem Berliner Kammergericht bübischer Weise wider mich den öffentlichen Zeitungen eingerückte Steckbriefe öffentlich wider revociert werden.

2° daß dem General-Fiscal anbefohlen werde, *ex officio* die ganze von dem Berliner Kammergericht nicht nur in der Malzahnischen, sondern auch in der Holzendorfischen und Nicolaischen Sache unternommenen Procedur zu untersuchen, und sein Urtheil im Druck bekannt zu machen, wenn er diese Procedur gerecht und gesetzmäßig findet, im Falle des Gegentheils aber

3° mir einen Advokaten *ex officio* aufzustellen, der meine Gerechtsame gehörig in Berlin besorge.

Sind Sie Herr! Biedermann, der es verdient, König zu seyn, so fordere ich Eure Majestät hiermit feierlichst auf, mir Gerechtigkeit zu verschaffen. Sind Sie auch Löwe und ich nur Mücke, so erinnern Sie sich, Sire, daß der Stich mancher Mücke schon manchen Löwen um Stärke und Leben gebracht hat. Sie haben dreimalhunderttausend Menschen in Waffen, und ich Millionen, denn jeder Biedermann, der meine Stimme hört, wird noch nach Jahrhunderten Ihrem Ruhm und Andenken einen tötlichen Stich beibringen; wird die an mir verletzten Gerechtsame der Menschheit rächen; und wenn alle dies nicht wäre, so seyen Sie versichert, daß ich in Ihrer Sterbestunde als ein um Rache schreiender Kläger bei jenem Richterstuhle auftretten werde, wohin ich Sie schon jetzt vorfordere, da Sie schon jetzt durch die an mir entheiligte Königspflicht zu seiner Rache reif sind.

Ich will es 3 Wochen abwarten, was auf dieses gegenwärtige Schreiben geschieht.«

Die Bemerkung des Ministers Wöllner vom 5. Mai 1788 ist recht bezeichnender Art: »Der Mensch muß völlig verrückt und toll im Kopf sein, sonsten könnte er unmöglich solch Zeug schreiben. Der Kaiser hat es eben so gemacht. Dieser ließ ihn vor 3 Jahren im ganzen Reich aufsuchen, und er entfloh nach Halle, von woher er die größten Invectiven gegen den Kaiser drucken ließ. Dieser würde auch gewiß um seine Auslieferung angehalten haben, wenn er sich nicht vor eine abschlägige Antwort von Seiten des großen Königs gefürchtet hätte. Letzteres schloß man wenigstens daraus, weil er dem p. Grossing durch verkleidete Leute in der Gegend von Halle Tag und Nacht aufpassen ließ, und dieser es daher nicht wagte vor der Stadt hinaus zu gehen. Folglich muß dem Kaiser doch vorzüglich an diesem Bösewicht sein gelegen gewesen, da er sich sonsten über dergleichen wegsetzt. Der Brief ist nach dem Couvert über Duderstadt gekommen; folglich steckt Grossing im Reiche, und da könnten ihm die dortigen Gesandten Brühl, Boehmer, Goerz pp. wohl bald habhaft werden, und hieher schicken, wenn es sonsten der Mühe belohnte. Es giebt doch auf Gottes Erdboden seltene Geschöpfe.«

In seinem Wiener Arrest suchte Grossing durch wichtige Mitteilungen die Aufmerksamkeit des Kaisers auf sich zu lenken. Im Polizeibericht vom 27. März 1790 [47]) heißt es: »Dieser Grossing machte sich gleich nach seiner Hieherlieferung anheischig, wichtige Entdeckungen für die hiesigen Staaten in Bezug auf den preußischen Hof zu machen. Es wurde ihm denn mit allerhöchster Bewilligung zugelassen, sich hierüber schriftlich zu äußern, und diese weitschichtigen, auch hie und da nicht ganz unwichtigen Aufsätze wurden Seiner Majestät von Zeit zu Zeit vorgeleget. Inzwischen machte die hiesige k. preußische Gesandtschaft das Ansuchen an die geheime Hof- und Staatskanzley, daß Grossing über eine an der gräflich Malzanischen Familie zu Berlin begangen haben sollende betrügerische Handlung rechtlich konstituirt werden möchte. Dieß geschah; und das Resultat wurde der Gesandtschaft mitgetheilet; worüber von selber Zeit an, nämlich April 1789, kein weiteres Ansinnen von preußischer Seite erfolgte.

Außer oberwähnten statistischen Entdeckungen verfaßte auch dieser geheime Arrestant mit rastloser Mühe mancherley Aufsätze, welche Seiner Majestät dem höchstseligen Monarchen allemal, theils in Absicht ihres brauchbaren Inhalts, theils in der Absicht vorgelegt wurden, um Seine Majestät auf diesen Gefangenen zu erinnern und seine Entlassung zu befördern. Allein Seine Majt. waren hie zu kein Mal geneigt, und gaben solches ausdrücklich zu erkennen: weswegen selber noch bis diese Stunde gefänglich innsitzet.«

Grossing sucht während seiner Haft in Wien soviel als möglich hochstehende Männer in den Schmutz zu ziehen. Er will mit allen führenden Persönlichkeiten in vertrauten Beziehungen gestanden haben. Der Aufforderung des Kaisers Joseph folgend, hat er eine Reihe von Schriften im Gefängnis verfaßt und an den Kaiser gesandt, »in welchen jedoch seine eigene Geschichte mit einem übertriebenen Stolze und Eigenliebe vermenget ist, worunter eine den ganzen Plan des verstorbenen Königs von Preußen sowohl in Ansehung des jetzigen Türkenkrieges, als der übrigen Vergrößerungsabsichten seines Hauses, und Erniedrigung des Erzhauses gänzlich zergliedert, und durch das bisherige Benehmen des preußischen Hofes wirklich bestätiget worden ist. In einer anderen *pièce* hat derselbe die Triebfedern der Revolution in Holland und das Benehmen des Königs von Preußen dabey gut auseinander gesetzet. Eine dritte *pièce* hat die Quellen, Maschinationen und Vorschritte des Fürstenbundes, und der von preußischer Seite angewandten Mittel und Absichten, samt den Personen, welche dabey den größten Einfluß genommen, zimlich aufgedecket, und ich lege einen Nachtrag zu diesem sogenannten *entschleyerten Fürstenbund* hieneben bey. Ich habe diese Arbeiten samt noch verschiedenen andern, als zum Beyspiel, über den Herzog von Zweybrücken, und die Mittel, denselben zu gewinnen, über die hungarische Nazion, über die Geistlichkeit in der österreichischen Monarchie, über den Hirtenbrief des Kardinals Bathyan, und endlich die Uibersetzung einer im Latein im vorigen Saeculum von einem dalmatinischen Abten unter dem Namen Tubero herausgekommenen Schrift, in welcher die Ungarn sehr gut geschildert sind, seiner Majestät dem Kaiser zu Handen gestellet, welche Allerhöchstdieselbe zurückbehalten, und nur leztere, die Uibersetzung des Tubero, mir mit einem Handbillet zurück geschicket, worin dem Verfasser überlassen wird, diese Schrift drucken zu lassen, welches aber, da er im Arrest ist, nicht hat geschehen können« [48]).

In der ersten der erwähnten Schriften *Ueber Hungarns gegenwärtige Angelegenheiten* berichtet Grossing über seine Verbindungen in Ungarn und in Preußen. »Bald nach Herausgabe meines *juris publici Hungariae* . . . erhielt ich am 20ten Aug. 85 auf der Post ganz unerwartet einen deutschen Brief, wo Stephan Freiherr von Orczy unterschrieben war. Der Brief war mit den härtesten Ausdrücken gegen S. M. angefüllt, und ich war wie aufgefordert, den unterdrückten Hungarn mit meinen Gaben beizustehen.« Grossing, den Orczys Vater einst beleidigt hatte, antwortete ablehnend. Dagegen beginnt er »ein Buch oder vielmehr eine periodische Quartalschrift unter dem Titel: *Epistolae ad Hungaros historico-politico-criticae* zu componieren«. Jedoch, so berichtet Grossing, »unterblieb diese Arbeit zu meinem nicht geringen Leidwesen, weil ich dadurch meinem Plane nach einen sehr großen Nutzen in Hungarn würde gestiftet haben. . . . Ich kenne diese Nation und . . . ich behaupte ein für allemal, daß man diese Nation weit weniger als die Hottentotten kennt. Sie hat unstreitig unter allen europäischen Nationen die beste Grundlage zur besten Bildung, aber ihr Charakter ist eine Goldmine, die erst ausgegraben werden muß.«

Über seine Berliner Beobachtungen berichtet Grossing: »Da ich nach Berlin kam, so führte mich Herzberg in seinen Reden schroff auf die Hungarn, und ich konnte klar abnehmen, daß im Berliner Cabinet diese Nation sehr gut und genau bekannt sey, auch manche darunter sehr genaue und enge Relationen in Berlin haben müssen; allein weil ich es für einen Preußischen Pfiff hielt, um mich auszuholen, ob ich etwa eine Anhänglichkeit an Hungarn, folglich auch Lust hätte, dahin zurückzukehren, so war ich immer sehr zurückhaltend, als daß ich ihn zum freieren Reden hätte anreizen können. Nur einige Wochen vor meinem Austritt aus Berlin, und, wenn ich mich nicht irre, zu Anfang Februar dieses Jahrs — denn am 4ten Martii verließ ich Berlin — sagte mir Herzberg folgende Worte:

»der Kaiser wird hübsch zu thun bekommen bei seinem Türkenkrieg. Die Wallachen fangen wieder Unruhen an, und die Hungarn werden auch schwerlich ruhig bleiben.«

Ich las doch Zeitungen und Journale fleißig und fand damals von alledem nichts darin, folglich machten mich diese Äußerungen Herzbergs aufmerksam, so daß ich sagte: »Haben Eure Excellence darüber Nachrichten?« Allein habe ich etwa durch meine Miene zu viel Neugierde verrathen, oder fand er irgend eine andere Bedenklichkeit, sich gegen mich herauszulassen, genug, er brach von dieser Materie ganz ab, und fieng von den Berliner Hofkabalen zu reden an, welches jetzt seine Lieblingsmaterie, wie bei allen disgracirten Hofleuten ist.

Allein kombiniere ich alle meine Kenntnisse, die ich in Berlin gesammelt, mit allen Reden, die ich dort sowohl als in Dresden in dem Umgang mit wichtigen Personen gehört habe, so bin ich gewiß, daß wenn Berlin auf Hungarn agirt, dies 1° durch die Freimäurer, 2° durch Rom und 3° durch den Minister HOYM in Schlesien, der von dort aus Emissairs nach Hungarn abschickt, geschieht.

Durch die Freimäurer geschieht es ganz gewiß; denn fast alle Logen, die vormals in Hungarn waren, sind von Berlin aus constituiert. NICOLAUS FORGÁCS, General ORCZY, BARTSAI, der bei meiner Abreise — ich weiß nicht für gewiß, bei Kaiser-Chevaux-legers oder bei Albert-Carabinieri aus Wien, Rittmeister war, und BESSENYEI [49]), vormals Gardist, der in Wien 1780 die kath. Religion annahm und dafür von der Kaiserin zum Custos bei der Bibliothèque ernannt war, sind hierin am vorzüglichsten mit wachsamem Auge zu beobachten. Alle 4 sind Freimäurer, haben einen entsetzlich großen Anhang in Hungarn, führen eine sehr große Correspondenz und zwar Bessenyei unter dem Vorwand der Versendung des Tokaier-Weins — wovon ich gedruckte Anzeigen in Berlin sah, wo sie auch einen Commissionär in der Breiten Straße halten, dessen Nahme mir aber alles Nachsinnen ungeachtet jetzt nicht einfällt — ins Ausland.

Der jetzige Minister Wöllner in Berlin, der noch vor wenigen Jahren lutherischer Prediger auf einem Dorfe war und jetzt die ganze Preußische Monarchie regirt, ist Chef aller in Berlin befindlichen Freimäurer-Logen [50]); ein außerordentlicher Politicone, der aber von der ächten Politique kein Wort weiß, und den der König mit Gewalt auch zugleich beim Departement der auswärtigen Angelegenheiten haben will, woher auch seine Mißgunst wider Herzberg entsteht, weil dieser sich aus sehr wichtigen Gründen widersetzt hat. Diesen Wöllner könnte der kaiserliche Gesandte in Berlin sehr leicht ausholen; denn er schwatzt gerne und viel, spielt außerordentlich gern eine wichtige Rolle, und findet sich geschmeichelt, wenn man ihn für einen wichtigen Mann hält.

Auch ist in Berlin ein geheimer Rat STETTNER — wenn ich mich nicht irre — befindlich, angestellt beim Generaldirectorio; der sich für einen Hungarn ausgiebt, und von dem ich oft gehört habe, daß er eine starke *correspondence* nach Hungarn hat. Es geht auch in Berlin ein Siebenbürge herum, der sich auch bei mir melden ließ, unter dem Vorwande, er sey Agent, und er wolle mir die Merkwürdigkeiten in Berlin weisen. Aber ich erinnere mich seines Nahmens nicht mehr, nur weiß ich, daß man ihn zu Berlin in der Hallischen Waisenhausbuchhandlung in der Poststraße durch die Gesandschaft leicht erfragen und ausholen könnte; er kennt den erwehnten geheimen Rath sehr gut, nur muß man ihn um alle seine Bekanntschaften in Berlin fragen.

Auch wünsche ich, daß man den Vicegespan des Komorner Comitats BOSSANYI und den Comorner Pfarrer zur Rede stellte, auf wessen Requisition und Antrieb der erste im Jahre 1785 und 88, der zweite aber im Jahre 1788 ein Tractat über mich nach Berlin und Halle geschickt haben, welches doch von ihnen durch keine weder Preußische noch Oesterreichische Stelle abverlangt worden ist, und ich hoffe, man wird auf Spuren des Freimäurer-Nexus in Hungarn mit Berlin kommen. (Randbemerkung in der Schrift des Staatsrats Izdenczy: Ist auf Veranlassung der hungarischen Hofkanzley, die darum ersuchet worden ist, geschehen [51].)

Im Monat Mai 1787 traf ich auf einmahl den Grafen SZETSÉNYI, der eine (wie ich glaube) Festetits zur Gemahlin hat, zu Berlin im Theater an. Wir waren zusammen zwei Jahre, 1770 u. 71, zu Tirnau in der Philosophie und sehr intime Schulfreunde. Er sah mich acht Tage täglich, ohne ein Zeichen von sich zu geben, daß er mich kenne, und ich erwiederte daher das Gleiche. Er hat bei der Sonne unter den Linden logirt, und es wäre die Nachfrage anzustellen, ob er bei dem k. k. Gesandten in Berlin gewesen? ob er mit Erlaubnis dort war? und was er dort gewollt? auch bei wem er gewesen sey? (Randbemerkung des Izdenczy: Graf Szécsenyi ist mit höchster Genehmigung in fremde Länder gereiset und ist bekanntermaßen ein rechtschaffener Mann [52].) Vielleicht läßt sich durch diese Indicia der Weg finden, auf welchem man aus Hungarn mit Berlin correspondirt.

Allein ich bin immer der Meinung, daß Berlin hierin auch durch Rom agirt [53]), wie bei den Niederländischen Unruhen, und durch Pfaffen. Ein gewisser IGNATIUS NAGY [54]), der bei meiner Abreise aus Wien Bischof zu Stuhlweißenburg war, ist ein geheimer Feind Oesterreichs am meisten bekannt, indem es mir damals von einer ganz bewährten Person hinterbracht wurde, er habe bei öffentlicher Tafel gesagt: »beten wir für die Türken, denn wenn sie siegen, siegen wir auch.«

Der direkte Weg durch Hoym [55]) ist auch nicht außer Acht zu lassen. Ich war gegen 8 Tage bei ihm in Breslau, da ich Schlesien bereiste, wo ich sehr viele Bekannte habe, und wo mir fast jeder Cavalier einen Hungarn nannte, mit welchem er wegen Weinen in Correspondence steht. Damals achtete ich nicht darauf; allein ich kenne Hoyms intriguanten Kopf und weiß, wessen er fähig sey (am Rande von Grossings Hand: *Notandum*: Hoyms Espionagen gehen, wie bekannt, durch Juden, aber noch weit mehr durch die Breßlauer Exjesuiten. Diese machten sonst einen Theil der Böhmischen Jesuiten-Provinz aus.) Man muß keines von allen diesen Mitteln vernachlässigen, um im Falle ausländische Aufhetzungen im Spiele bei den gegenwärtigen Unruhen in Hungarn seyn sollten, ihnen auf die Spur zu kommen; allein man glaube meinen Worten, dies hebt das Übel nicht, und es stehen sehr unangenehme Auftritte zu befürchten, wenn Seine Majestät nicht eilen, die erste Urquelle dieses Übels zu stopfen.« Zu diesem Zwecke empfiehlt Grossing die Aufhebung der Komitats-Autonomie und ihre Umwandlung in Bezirksämter. Das *Consilium Locumtenentiale* müßte *Gubernium* heißen. Die Aufgaben der einzelnen Hofkanzleien müßten nach dem Muster des Generaldirektoriums in Berlin 5—6 Departements des Staatsrates übernehmen. Er zählt die preußischen Staatseinrichtungen einzeln auf, die in Ungarn nachgeahmt werden müßten, wie er es überhaupt für wünschenswert hält, daß preußische Ordnung, Methoden und Einrichtungen in Ungarn eingeführt würden.

VI.

Hompesch's Sendung in Deutschland.

Die von Joseph II. angeordneten Recherchen gegen die Unzufriedenen in Ungarn wurden von den Wiener Polizeibehörden nach allen Seiten hin geführt und besonders die Verbindungen zum preußischen Gesandten in Wien, Baron Jacobi-Klöst, aufmerksam verfolgt. Am 30. März 1789 berichtet Graf Pergen an den Kaiser: »Es ist gewiß, daß die mißvergnügten Hungarn nicht ruhen werden, um Preußen aufzuhezen, weil sie glauben, daß Ewer Maytt. andurch verhindert werden, die innerliche Einrichtungen beyfortt zu sezen, allein es werden sich doch noch Mittel finden lassen, die straffbahr verruchte Rebellenkette zu entdecken; es ist zwar außerst schwehr, diejenige, so mit Jacobi Umgang pflegen, zu entdecken, weil sie sich wohl hüten, in sein Haus zu kommen, sonst hätten wir sie gewiß beym Ohr; es fehlet ein Mensch vom großen oder mittleren Adel der ein Freymaurer ist, weilen nichts als der Familienumgang mit Jacobi und denen Freymaurern das Geheimniß herausbringen kann; da die Sache von größter Wichtigkeit ist, so habe ich sogleich dem v. Beer den Auftrag gemachet, alles was in der Polizey Kräfften stehet, anzustrengen, um die Boswichter, welche sich so weit vergessen, zu erfahren; wenn man auch ins Klare dringet, wer mit diesem gefahrlichen Minister Umgang pfleget, so fehlen doch die data; um derley Verrather auf den Leib zu gehen, hat man nicht ihre geheimen Oerter weit; an meinen Dispositionen soll es nicht fehlen; Gott gebe nur Ewer Maytt. bald eine vollkommen gute Gesundheit [56]).«

Die Nachforschungen Beers in den Kreisen der Unzufriedenen in Pest und in Wien lenkten den Verdacht immer mehr auf Hompesch. Sein Verkehr mit dem Septemvir Peter Balogh, von dem der Pester Polizeidirektor Major Perczel glaubte, daß er mit dem Minister Hertzberg in Berlin in Verbindung stand, um einen Aufstand in Ungarn vorzubereiten, sowie die aufgefangenen Briefe Hompeschs schienen Joseph II. genügende Handhaben zu liefern, um Hompesch verhaften zu lassen. Hompesch hatte den Auftrag, zum Herzog Karl August nach Weimar zu fahren, der als die stärkste Triebkraft des Fürstenbundes bekannt war, und der die deutschen Bestrebungen gegen die Politik Josephs schon vor dem Entstehen des Bundes organisiert hatte. Karl August hatte dann bald Herzog Karl von Braunschweig und dessen Schwager Friedrich Wilhelm II. gewonnen, um mit ihnen zusammenzuwirken. Er war es auch, der Friedrich d. Gr. am meisten beim Zustandebringen des Fürstenbundes behilflich gewesen und seinen Nachfolger als Leiter des Bundes am stärksten angespornt hatte 57). Jacobi wußte angeblich von dieser Rolle Hompeschs noch nichts, als dieser an der Wiener Zollgrenze am 4. Januar 1789 mit der Begründung, daß er unter falschem Namen reise, verhaftet wurde. Erst am 18. Februar 1789 berichtet er an Friedrich Wilhelm II. in möglichst unbefangenem Tone, daß Hompesch als preußischer Emissär verhaftet worden sei 58). Doch war der Gefangene zu keinem Geständnis zu bringen, und auch in seinem Gepäck wurden keine kompromittierenden Schriften gefunden, sodaß er am 7. März freigelassen wurde, nachdem er einen Revers unterzeichnet hatte, niemals in die österreichischen Erblande zurückzukehren.

So gelingt es Hompesch trotz allem sein Programm einzuhalten und über Passau in Weimar einzutreffen, wie er schon am 24. November 1788 seinem Bruder Ferdinand angekündigt hatte (in einem aufgefangenen Brief, den Joseph II. für das den stärksten Verdacht erweckende Dokument hielt).

Herzog Karl August kannte Hompesch und dessen Vater schon von früher her. Sein Vater, der kurpfälzische Minister, war sowohl mit Karl August wie mit Friedrich Wilhelm II. während seines Dienstes als Minister und auch später, als er wegen seiner Stellungnahme gegen Wien kurz vor Ausbruch des bayrischen Krieges demissionierte, in den Angelegenheiten des Fürstenbundes in Berührung gekommen. Er hatte 1787 durch Herzog Karl August an Friedrich Wilhelm II. die Bitte gerichtet, seinen Sohn, einen Bruder des Ungarn, der als Oberleutnant in französischem Militärdienste stand, in die preußische Armee aufzunehmen, was ihm jedoch abgeschlagen wurde [59]). Hompesch hat den Herzog, wie aus einem späteren Schreiben an diesen (siehe unten S. 96) hervorgeht, vollständig in seine Pläne eingeweiht und um seine Vermittlung gebeten. Es hat den Anschein, als ob schon damals von einer Thronkandidatur Karl Augusts für Ungarn die Rede war. Jedenfalls spricht Hompesch lange vor dem offiziellen Vorschlag durch Bischoffswerder in Potsdam (siehe unten S. 52), natürlich in vorsichtigen Ausdrücken, von seinem eigenen und der ungarischen Nation Wunsche, Karl August auf dem Thron Ungarns zu sehen, und zwar in einer Weise, die vorangegangene Besprechungen mit dem Herzog in dieser Angelegenheit vorauszusetzen scheinen (s. unten S. 98). Karl August kannte als einer der Führer der gegen den Kaiser gerichteten Politik seit langem die Stimmung in Ungarn. Durch Graf Joh. Goertz, seinen früheren Erzieher, hatte er sich aus Regensburg, wo dieser jetzt preußischer Gesandter beim Reichstag war, hierüber sowie über den Fortgang des Türkenkrieges, der für den Fürstenbund vom größten Interesse war, berichten lassen[60]). Jetzt ging er bereitwillig auf Hompeschs Pläne ein. Betreffs seiner eigenen Thronkandidatur scheint er zur Bedingung gemacht zu haben, daß der Vorschlag dazu von preußischer Seite erfolgen müsse. Hompesch kommt hierauf später mit den Worten zu sprechen: ». . . . . durch denjenigen Fürsten . . . . den man auch in Potsdam von selbst erkiesen würde.« Die Worte »von selbst« sind von Hompesch nachträglich eingefügt, sodaß er besonderen Wert auf sie gelegt zu haben scheint. Es ist klar, daß die Dinge später, als Karl Augusts Eifer in dieser Angelegenheit nachgelassen hatte, in seinem Schriftwechsel mit Bischoffswerder ein anderes Aussehen annehmen als in diesen im tiefsten Geheimnis abgehaltenen Besprechungen mit Hompesch, und daß sich dort der Herzog außerordentlich zurückhaltend, wenn nicht ablehnend, ausdrückt. Damals aber zeigte er einen nicht geringen Eifer; er richtete an den Obersten Gensau ein Schreiben, in welchem er den Plan auseinandersetzte, und übergab es Hompesch [61]). Er riet diesem ferner, sich nicht an den Minister Hertzberg, sondern an Bischoffswerder zu wenden[62]); denn er wußte sehr wohl, daß Hertzberg, der noch vor kurzem der eigentliche Lenker der preußischen Politik gewesen war und für den Außenstehenden noch immer als solcher galt, in Wahrheit seinen Einfluß bereits zum größten Teile an Bischoffswerder und dessen Genossen verloren hatte. Zu beachten ist auch, daß er

Hompesch aufforderte, ihm von dem Erfolg seiner Reise alsbald Bericht zu erstatten, was dieser denn auch ausführlich getan hat [63]. Nach außen hin aber trat Karl August naturgemäß auch damals mit der größten Zurückhaltung auf. Nicht er selbst wollte die unmittelbare Empfehlung Hompeschs übernehmen, sondern er wies diese seinem Onkel, dem Herzog Karl Wilhelm Ferdinand von Braunschweig, zu. Um einen einleuchtenden Vorwand für die Empfehlung zu gewinnen, erdichtete man eine Teilnahme Hompeschs an den Kämpfen gegen die Türken; dementsprechend empfahl ihn Karl August seinem Onkel als Berichterstatter über die Kriegslage [64]. Mit diesem Empfehlungsschreiben reiste Hompesch nach Braunschweig und setzte dort den Herzog von seinen Plänen in Kenntnis. Karl Wilhelm Ferdinand interessierte sich lebhaft dafür [65] und empfahl Hompesch seinerseits unter demselben Vorwand, nicht, wie es Karl August gewünscht hatte, an Bischoffswerder, sondern zu Hompeschs Erstaunen an Hertzberg nach Berlin. Zugleich unterstützte er Hompeschs Wunsch, den dieser schon in Weimar geäußert hatte, nach Verleihung des polnischen Weißen Adlerordens [66]. Hompesch reiste aber zunächst nach Potsdam und übergab dort Karl Augusts Brief an den Obersten Gensau, der alsbald den König davon in Kenntnis setzte. Man scheint zunächst nicht gewünscht zu haben, daß Hertzberg in den Plan eingeweiht würde, denn Hompesch wurde an der Weiterreise nach Berlin verhindert und zur ferneren Unterhandlung an Bischoffswerder verwiesen [67]. Man kannte Hertzberg zu gut, um nicht zu wissen, daß er sich mit aller Kraft gegen das Projekt einsetzen würde. Inzwischen aber hatte der Herzog von Braunschweig am 4. April durch Stafette einen zweiten Brief an Hertzberg gesandt, in welchem er ihm Näheres über die eigentlichen Pläne Hompeschs mitteilt und zugleich zur Vorsicht diesem gegenüber mahnt, da man nicht wissen könne, ob Hompesch sich nicht von der österreichischen Regierung mißbrauchen lasse, um durch ihn über die Gesinnungen des Berliner Hofes Klarheit zu gewinnen [68]. Hertzberg schickte am 8. April eine Kopie dieses Schreibens an den König nach Potsdam [69], und dieser mußte nun wohl oder übel auch Hertzberg ins Vertrauen ziehen. Er kündigte ihm daher in einem eigenhändigen Schreiben vom 10. April den bevorstehenden Besuch Hompeschs an und gab ihm hierfür Verhaltungsmaßregeln, die ihm größte Zurückhaltung auferlegten [70]. Bei dem auf diese Weise entstehenden gegenseitigen Mißtrauen zwischen Hompesch und Hertzberg konnte der König nämlich erwarten, daß dieser nicht zu tief in dessen Pläne eingeweiht werde, und diese Absicht hat der König auch in vollem Maße erreicht. Von der wirklichen Gesinnung des Königs und seiner damaligen Unternehmungslust in der ungarischen Sache verrät sich demgegenüber etwas in der diesem Schreiben beigefügten Nachschrift (vgl. unten S. 45). Hompesch erhielt also durch Bischoffswerder den Auftrag, nun doch nach Berlin zu gehen und sich dort mit Hertzberg und dem englischen Gesandten EWART zu besprechen. An den letzteren gab ihm Bischoffswerder ein Empfehlungsschreiben mit. Ewart ging mit großem Eifer auf die Pläne Hompeschs ein, riet ihm aber doch, für deren Ausführung einen günstigeren Zeitpunkt abzuwarten [71]). England hatte kein Interesse an der Zertrümmerung des Habsburgerreiches und war daher bestrebt, Preußen vom Kriege abzuhalten. Am 11. April, 10 Uhr abends, vermittelte Ewart eine geheime Unterredung zwischen Hompesch und Hertzberg. Für Hertzbergs kritische Gelehrtennatur war Skepsis in dergleichen Dingen ohnehin das Gegebene. In Hompeschs Fall hatten ihn obendrein noch sowohl der Brief des Herzogs von Braunschweig wie der des Königs selbst zur Vorsicht gemahnt. Der Umstand, daß Hompesch von Geburt kein Ungar war und keine Schriften besaß, war in der Tat geeignet, Verdacht zu erwecken. Die für Hompesch bestimmten Schriften waren in den Händen des Grafen JOHANN FEKETE VON GALÁNTHA, der — einst ein begeisterter Anhänger Josephs — später in das Lager der Unzufriedenen übergetreten war, in Pest geblieben, und dieser hatte sie, als Hompesch in Wien verhaftet wurde, der Sicherheit halber unterdrückt und wahrscheinlich vernichtet [72]). In der langen Unterredung, die damals zwischen Hompesch und Hertzberg stattfand, war daher dieser »voll von Difficultäten und Beschwernüssen«, und so blieb auch Hompesch mit ihm bloß »in generalibus« [73]). Hompesch besprach ausführlich die Unzufriedenheit in Ungarn und bezeichnete sich als den Abgesandten der Mehrheit und der führenden Magnaten dieses Landes, mit dem Auftrage, die Protektion des Königs zu erwirken. Er bat darum, der König möge jemanden nach Ungarn senden, der sich von der Richtigkeit seiner Angaben überzeugen könne, und sich dazu entschließen, gemeinsam mit der Pforte die Ungarn in ihren Freiheitsbestrebungen zu unterstützen. Diese hätten keinen sehnlicheren Wunsch, als sich aus englischem oder preußischem Hause einen König zu wählen. Auf Hertzbergs Einwendung, solange mit Österreich Frieden herrsche, könne nichts dergleichen geschehen, erwiderte Hompesch, der König von Preußen sei als Beherrscher Schlesiens auch einer der Garanten des von BOCSKAY errungenen

Friedens vom 23. Juni 1606, der den Protestanten Ungarns freie Religionsübung zusicherte und das Prinzip zum Gesetz erhob, daß Ungarn nicht verfassungswidrig regiert werden dürfe. Hertzberg nennt übrigens in seinem Berichte nicht diesen Vertrag, auf den man sich indessen bei allen übrigen Garantieforderungen bezogen hat, sondern er spricht von einem zur Zeit RÁKÓCZIS abgeschlossenen Wiener Vertrag. Jedenfalls handelt es sich hier um eine Verwechslung von seiten Hertzbergs.

Obgleich diese Unterredung den Verdacht, Hompesch könne gleichzeitig ein Söldling der Wiener Regierung sein, bei Hertzberg zerstreut hatte, erweckte er doch bei ihm wenig Vertrauen, und so empfahl ihm Hertzberg, den Weisungen des Königs vom Tage zuvor entsprechend, seine Pläne für den Augenblick fallen zu lassen und Berlin sogleich incognito zu verlassen. In dem Bericht, den er dem König am folgenden Tage von dieser Unterredung sandte, machte er, um sein abweisendes Benehmen Hompesch gegenüber zu rechtfertigen und zur Vorsicht zu mahnen, darauf aufmerksam, daß der Kaiser ohnehin schon durch Nachrichten äußerst gereizt sei, nach denen der Minister Graf HOYM in Schlesien insgeheim Emissäre nach Ungarn gesandt habe, um dort den Geist der Empörung zu schüren 74). Hertzbergs Plan war es, beim Friedensschluß mit der Türkei Danzig und Thorn für Preußen zu gewinnen, dafür Polen durch die Rückgabe Galiziens, und Österreich wieder durch die Moldau oder andere türkische Besitzungen zu entschädigen. Für diesen Plan brauchte er natürlich ein friedliches Verhältnis zu Österreich und mußte eine von Preußen geförderte Revolution in Ungarn als Störung betrachten. Für den König hingegen, der durch einen Feldzug gegen das geschwächte Österreich mehr erreichen zu können hoffte, mußten die ungarischen Pläne von größtem Interesse sein. Für sich betrachtet hatte sowohl der Standpunkt des Königs und seiner Berater, wie der Hertzbergs seine Berechtigung; jeder dieser beiden Pläne, für sich allein durchgeführt, hätte zum Erfolge führen können. Weil aber beide gleichzeitig nebeneinander bestanden und sich gegenseitig kreuzten und störten, hat man schließlich gar nichts erreicht.

Hompesch begab sich also unmittelbar nach der Unterredung mit Hertzberg nach Potsdam zurück und setzte dort seine Verhandlungen mit Bischoffswerder fort. Eine Unterredung mit dem König selbst hat er damals noch nicht erlangen können, doch blieb dieser durch Bischoffswerder stets auf dem Laufenden. Man genehmigte Hompeschs Plan und die Art seiner Ausführung vollständig. Nur der von diesem vorgesehene Zeitpunkt mußte verschoben werden. Nachdem Hompesch von Bischoffswerder im Namen des Königs das königliche Wort empfangen, tiefstes Stillschweigen zu bewahren, übergab er ihm ein Schreiben, das wahrscheinlich an den Grafen FEKETE VON GALÁNTHA gerichtet war und diesen ersuchte, seine Papiere, vor allem die Liste der Teilnehmer an der Verschwörung, durch den preußischen Gesandten in Wien nach Potsdam zu senden. Das Schreiben wurde durch einen Kurier zur Weiterbeförderung an Jacobi abgeschickt. Sobald die Antwort einlaufen würde, sollte Hompesch wieder nach Potsdam berufen werden [75].

Vorläufig aber reiste er nach Bollheim in der Nähe von Aachen, dem Schlosse seines Vaters, mit dem er sich jetzt wieder einigermaßen aussöhnte. Auf den Wunsch des Königs blieb er mit Bischoffswerder in Korrespondenz, der ihm auch einige Briefe schickte, welche dazu beitrugen, Hompeschs Hoffnungen auf den Fortgang des Unternehmens wieder zu beleben [76]. Denn der Aufschub der Ausführung, der ihm in Berlin und Potsdam auferlegt worden war, hatte auf ihn ein wenig enttäuschend gewirkt. Das zeigt sich in dem bereits mehrfach erwähnten Schreiben an den Herzog Karl August von Weimar, das er diesem auf seinen Wunsch von Bollheim aus über den Erfolg seiner Reise übersandt hatte [77]. Der Briefwechsel mit Karl August, der sich daran anknüpfte, ging durch die Hände des preußischen Gesandten in Aachen und Köln, den Minister DOHM, der schon früher die Verbindung der Familie Hompesch mit den Höfen von Weimar und Berlin übernommen hatte.

Das Ersuchen um die Übersendung von Hompeschs Papieren nach Potsdam wird erfolglos geblieben sein, da die Papiere wahrscheinlich bereits vernichtet waren. Man sah sich daher in Ungarn genötigt, einen zweiten Bevollmächtigten nach Preußen zu entsenden. Dies kam indessen erst im Spätherbst zur Ausführung. Inzwischen begnügte man sich damit, um die Verbindung mit Hompesch und Karl August aufrechtzuerhalten, einen Bevollmächtigten der Nation nach Bollheim zu entsenden, um Hompesch »Nachrichten aus Ungarn zu übermitteln und von ihm welche zu vernehmen.« Der Bevollmächtigte, der bei der ungarischen Statthalterei angestellt war und nur einen Urlaub von drei Wochen bekommen konnte — es handelt sich schon hier um PAUL VON BEK (BECK), der uns weiter unten eingehender beschäftigen wird — vollführte die Reise mit der größten Beschleunigung. Am 21. August reiste er von Ofen ab und war bereits am 30. August mit Hompesch zusammen in Spaa. Von diesem Tage ist das Empfehlungsschreiben datiert, das ihm Hompesch an den Herzog Karl August mitgab, den Bek auf der Rückreise aufsuchte, um ihn von dem Stande des Unternehmens in Kenntnis zu setzen [78].

Bei den späteren Verhandlungen im November 1789 tritt Hompesch Paul von Bek gegenüber in den Hintergrund. Sein Vater bemühte sich, dem Abenteurerleben seines Sohnes dadurch ein Ende zu setzen, daß er ihm eine feste Basis verschaffte. Er richtete daher durch die Vermittlung des preußischen Gesandten Dohm in Aachen am 22. Dezember 1789 an den König ein Gesuch um Aufnahme seines Sohnes in die preußische Armee [79], und es gelang ihm nach anfänglichem Mißerfolg schließlich, diesen als Major in die Kavallerie des preußischen Heeres eingereiht zu sehen. Beendet aber war die Abenteurerlaufbahn Hompeschs damit keineswegs. Wir finden ihn im Jahre 1792 als Teilnehmer des Feldzugs in Frankreich. Er ist der Held jener Episode bei Verdun, welche GOETHE in seiner *Campagne* von dem Stabstrompeter GROTTHAUS erzählt. Zwar erscheint bei GOETHE in der Episode mit dem an die Stabstrompete gebundenen Schnupftuch — von der sein Auszug zum 31. August (359;) ganz richtig vermerkt, daß sie von Hompesch handle, und die in dessen wahrscheinlicher Quelle, WAGNERS Tagebuch, ebenfalls Hompesch zugeschrieben wird — nicht Hompesch, sondern der »abenteuerliche Grothus«. Aber auch die übrigen Quellen über den Feldzug, LAUE und auch MINUTOLI, bezeugen, daß es Hompesch war, der sich bei jener Gelegenheit ehrenvoll bewährte [80]. Im weiteren Verlauf des Feldzugs geriet Hompesch dann aber bald in französische Gefangenschaft, entfloh, wurde wieder gefangen, entfloh abermals [80a]. Dann ging er im Einverständnis mit der preußischen Regierung nach England, wo sein alter Bekannter Jacobi seit 1792 als preußischer Gesandter tätig war, und stellte hier im Jahre 1794 als Oberst ein Husarenfreikorps auf, das 1796 nach Westindien, vor allem nach St. Domingo eingeschifft werden sollte [81]. Seine wiederholten Bemühungen bei der österreichischen Regierung, nach Ungarn zurückkehren zu dürfen, blieben erfolglos, und so ist er schließlich im Jahre 1812 als englischer General gestorben [82].

VII.

Die preußischen Thronansprüche auf Ungarn und die Sendung Paul von Beks nach Berlin.

In der Nachschrift seines Briefes an HERTZBERG vom 10. April, der die Ankündigung des Besuches Hompeschs enthält, hatte der König seinen Minister aufgefordert, in größter Heimlichkeit genealogische Untersuchungen über Erbansprüche des Hauses Brandenburg auf den ungarischen Thron, von denen er durch Jacobi gehört hatte, anzustellen [83]. Hierauf antwortet Hertzberg schon am 12. April in einem Schreiben, in dem etwas von der Überlegenheit des gelehrten Forschers zu spüren ist, daß er zu diesem Zweck geheime genealogische Forschungen nicht erst vorzunehmen brauche, weil er gelegentlich des Bayrischen Erbfolgekrieges, als Preußen sich gegen die Zerreißung Bayerns wandte, diese Ansprüche nachgewiesen und mit einer genealogischen Tafel beim Wiener Hof geltend gemacht habe. Nicht, wie der König ihm geschrieben hatte und wie es Jacobi und die Ungarn behaupteten, von einer brandenburgischen Prinzessin, die die Gattin des letzten ungarischen Königs gewesen sei, sind die Ansprüche herzuleiten. Eine solche hat es nie gegeben, und überhaupt kann keine auswärtige Prinzessin Erbansprüche auf das Land ihres Gatten begründen. Vielmehr sind die beiden »schönen Königreiche« Ungarn und Böhmen deshalb zu Unrecht an die Habsburger anstatt an das Haus Brandenburg gekommen, weil ANNA, die ältere Tochter König ALBRECHTS II. (I.) von Böhmen und Ungarn, in gesetzwidriger Weise durch ihre jüngere Schwester ELISABETH, die Mutter WLADISLAUS II., von der Thronfolge ausgeschlossen worden sei. Von Anna aber stammen die preußischen Könige ab, während von Elisabeth die Jagellonen und erst durch sie die Habsburger ihre Rechte herleiten. — Der nüchterne und sich in den Grenzen des Erreichbaren haltende Hertzberg riet dem König, gegebenenfalls die brandenburgischen Ansprüche auf das benachbarte Böhmen statt auf das abgelegene Ungarn zu erstrecken, und, wenn sich das nicht erreichen lasse, wenigstens zu versuchen, durch ihre Preisgabe das Recht des Rückfalls der Lausitz an die böhmische Krone im Falle des bald in Aussicht stehenden Aussterbens des sächsischen Kurhauses für Brandenburg zu erwerben [84].

Wie bereits gesagt wurde: Hertzberg stand allen sich auf Ungarn erstreckenden preußischen Plänen feindlich gegenüber, und dieser Standpunkt zeigt sich auch in diesem Schreiben. Gegen seinen Wunsch war es, wenn Friedrich Wilhelm II. nicht nur die umstürzlerischen absolutistischen Bestrebungen Josephs in Ungarn mit großer Aufmerksamkeit beobachtete, sondern auch durch seine Emissäre ständig die Lage in Ungarn zu verschärfen und für seine Politik nutzbar zu machen suchte. Und doch war die Lage in Ungarn für die Politik des Königs recht günstig. Die zu weit ausgreifende Außenpolitik und die recht unglückliche Kriegsführung Josephs schienen seine Stellung in Ungarn ebenso wie in den Niederlanden unhaltbar gemacht zu haben. Die Ernährung der Heeresmacht an der ungarisch-türkischen Front wurde immer schwieriger, und das Kriegsglück schien den Türken günstig zu sein. Der preußische Gesandte in Wien meldete, daß die Kornvorräte, die die Ungarn eingegraben aufzubewahren pflegten, durch Überschwemmungen vernichtet wurden. Auch habe eine große Unzufriedenheit Platz gegriffen, infolge der Härte der Wiener Regierung, die die Heereslieferungen unter dem Tagespreis einforderte und nicht einmal mit Geld, sondern mit Quittungen beglich, die erst nach Kriegsschluß zahlbar waren. Dem König wurde auch gemeldet, daß der ungarische Landesrichter und Leiter des ungarischen Finanzwesens, Graf Karl Zichy, es abgelehnt habe, unter solchen Bedingungen die Lieferungen für die Armee fortzusetzen, und daß diese seine Haltung zu einem heftigen Zusammenstoß mit dem Kaiser geführt habe. Die Kriegslieferungen stellten ungeheure Ansprüche, über 30 000 Pferde wurden für den Etappendienst benötigt, und die Staatsschulden Österreichs an Ungarn beliefen sich auf mehrere Millionen. Zwar habe die Energie, die persönliche Widerstandskraft des Kaisers nachgelassen, seitdem das Unglück auf ihm laste, aber das sei keine Hoffnung auf eine Besserung. Denn sobald sich die Lage etwas günstiger gestaltet, gehe er wieder ebenso hart vor. So suchte er die Komitatskongregationen einzuschüchtern, indem er den Grafen Esterházy aus dem Staatsrat wies, weil dieser sich in der Kongregation aufrührerisch benommen haben solle, obwohl er nichts anderes getan hatte, als daß er die Durchführung der ungarischen Gesetze forderte [85].

Die verzweifelte Stimmung in Ungarn infolge der Haltung des Kaisers und seiner unerfüllbaren und gesetzwidrigen Forderungen, und auch die Befürchtung, daß der unglückselige Türkenkrieg wieder zu einer Überflutung durch die türkischen Heere und zu einer neuen Türkenherrschaft in Ungarn führen könnte, hatten bei der ungarischen Nation den Entschluß reifen lassen, einmütig den preußischen König zu bitten, er möge sich bei der Pforte dafür verwenden, daß die Türken im Falle einer neuen Besetzung Ungarns mit der Bevölkerung in dem etwa zu besetzenden Gebiet menschlicher umgehen sollten. Am 28. März 1789 forderte Jacobi den König auf — und diese seine Zuschrift wurde wieder in Wien abgefangen, entziffert und eine Kopie davon Joseph vorgelegt —, die Pforte zu veranlassen, sogleich Flugblätter in Ungarn verbreiten zu lassen, in denen zu versichern sei, daß die Türkei nichts anderes vorhabe, als Ungarn vom Joch des Kaisers zu befreien. Einige Ungarn wandten sich auch an Jacobi und berichteten ihm, ein großer Teil der ungarischen Nation hege den Wunsch, der König von Preußen möge mit einem Armeekorps durch Schlesien zum Paß von Jablunka vorrücken, er würde gleichzeitig von ebensoviel ungarischen Truppen erwartet werden. Jacobi, der sich in seinen Berichten möglichst vorsichtig ausdrücken mußte, sagt, er habe eine ausweichende Antwort gegeben: der König könne nicht einen Aufstand gegen Österreich entflammen, d. h. gegen eine Macht, mit der er noch im Frieden lebe. Aber er versicherte den Abgesandten, daß der König die Ungarn sehr liebe als eine Nation, die Kraft habe und sie zeige[86]).

Daraufhin erfolgte eine direkte Eingabe der Ungarn nach Berlin, die durch Jacobi vermittelt wurde. Sie ist anonym und ohne Datum. Offenbar geht sie von den »Ungarischen Ständen« aus, die die Führer der Unzufriedenen waren, darunter Graf Fekete, Baron Orczy, Vécsey, Semsey und Graf Sztárai. Den Namen dessen, an den sie gerichtet ist, nennt sie nicht, doch geht aus dem Inhalt zur Genüge hervor, daß dies der Graf Hertzberg ist, den Außenstehende noch bis zu seiner Entlassung für den eigentlichen Lenker der preußischen Politik hielten. Der Wortlaut ist der folgende[87]):

»Hochgebohrener Graf!

In der größten Drangsale ihres Vaterlandes unternehmen es die Ungarischen Stände, in der Weisheit und Großmuth E. E. Zuflucht zu suchen. Das unbeschränkte Vertrauen, mit welchem sie in den beigehenden Aufsatz ihre verzweiflungsvolle Lage schildern, und Euer Excellenz sich bey Ihrem Könige, als Garanten der Ungarischen Constitution, zu ihren Besten zu verwenden bitten, mag selbst den Beweis von der unterscheidenden Verehrung und Anhängigkeit darthun, mit welcher die Ungarische Nation in Ihnen den größten Minister und den tugendhaften Weisen verehrt. Und an wen könnte wohl eine freye Nation mit größern Recht ihr Vertrauen heften, als an den erhabenen Mann, der weise und entschlossen genug war, der schon wankenden Freyheit des Römischen Reichs durch die ruhmwürdige Errichtung des Deutschen Fürstenbundes eine dauerhafte Stärke wieder zu geben. Die Ungarische Nation heget das feste Vertrauen, daß Ihr großer König, der sich an Großmuth und Gerechtigkeitsliebe unter allen Fürsten seiner Zeit auszeichnet, seinen mächtigen Schutz der Ungarischen Nation nicht versagen wird, wenn es Euer Excellenz auf sich nehmen, ihr Fürsprecher zu seyn. Da Sie die Freyheit des Reichs gesichert haben, so verherrlichen Sie noch Ihre ruhmvolle Laufbahn durch die Unterstützung einer freien Nation, die sich glücklich schätzen wird, ihren Beschützer, mit unauslöschlich dankbarem Gefühl in die Zahl ihrer ersten Edlen aufzunehmen, und E. Excellenz durch einträglichste Besitzungen an den Boden des Landes auf immer zu binden, dessen Freyheit Ihr großmüthiger Schutz erhalten hat.«

Es folgt die eigentliche Schrift an den König auf 43 Folioseiten, deren Inhalt in freier Wiedergabe folgenden Gedankengang zeigt.

Die innere und äußere Politik Josephs II. bildet eine Gefahr für die umliegenden Staaten. Der Schutz der Ungarn liegt in deren eigenem Interesse. Die Schrift hat die Aufgabe, eine Skizze vom Grundriß der gestörten Verfassung Ungarns zu geben.

Der Reichstag von 1687 begab sich freiwillig des Rechtes der freien Königswahl unter der Bedingung, daß alle künftigen Könige vor der Thronbesteigung alle alten Privilegien und Freiheiten beeiden. Die Verfassung wurde durch drei von den Ständen von Böhmen, Mähren, Schlesien und der Lausitz garantierte Friedensschlüsse gesichert: zu Wien 1606, Nikolsburg 1622 und Linz 1645. Der König von Preußen als Besitzer Schlesiens und der Kurfürst von Sachsen als Herr der Lausitz haben die Pflicht der Garantie. Joseph II. ist kein rechtsmäßiger Herrscher Ungarns wegen Unterlassung der Krönungs-Kapitulation, der Krönung selbst und des Eides. Die Souveränität und oberste Gewalt ist zwischen den Ständen und dem gekrönten Regenten gleichmäßig geteilt. Verfassungswidrige Maßnahmen Josephs sind: Unterlassung der Krönung und des Krönungseides, Entführung der Krone aus Ungarn, Verletzung der Sicherheit der Person und der Kontributionsfreiheit der Güter der Adligen, Raub der Klostergüter, Konskription und Ausmessung der Güter des Adels usw., Verseuchung des Adels durch Verleihung der heimgefallenen Güter an Unwürdige, Einführung der deutsch-österreichischen Sprache, Normalschulverordnung, Aufhebung der Komitatskongregationen usw., Nichtbesetzung der Palatinswürde, unrechtmäßige Vermehrung der Kontributionen usw., Vermehrung der Regalien: Bergwerke, Münzwesen, Salz, Maut usw., willkürliche Änderung der Rechtspflege, des Militärwesens. Die Schrift bringt dann eine Zusammenfassung der Verletzungen in 87 Beschwerdepunkte. Infolge aller dieser Übergriffe des Kaisers herrscht die größte Erbitterung in der Nation, die alle Völker Europas um Beistand bittet. »Gestützt auf die Gerechtigkeit ihrer Sache richtet die Ungarische Nation ihren einstimmigen feierlichen Ruf vorzüglich und besonders an den durchlauchtigsten König von Preußen und den Kurfürsten von Sachsen, als Garanten der ungarischen Grundverfassung, mit den ehrfurchtsvollen Flehen: zu ihrer Rettung, unter einen der würdigen Heerführer Preußens, wenn auch nur eine kleine Armee einrücken zu lassen, zu welcher die bewaffnete und schon vorbereitete Ritterschaft sogleich von allen Seiten zusammenströmen, und ihre schon so oft mit Blut erhaltene Freiheit unter Preußens erhabenen Schutz verfechten wird.

Die abgesehenen Maßregeln, zur Befestigung ihrer weitern Sicherheit, zu der sie unter der gehässigen Herrschaft des Hauses Österreich nie gelangen zu können durch Erfahrungen von Jahrhunderten überzeugt ist, wird man nicht säumen, den schutzbringenden Fürsten anzuzeigen, sobald der Schritt zur Rettung der Ungarn gemacht sein wird.« Inzwischen aber ist die Nation zu weitgehenden Begünstigungen zum Besten des Königs und seiner Länder bereit und verpflichtet sich, »für die Ehre und das Wachstum seines Hauses mit unauslöschlich dankbarem Gefühl Gut und Blut aufzuopfern.«

Anfangs hatte sich Jacobi geweigert, die ihm übergebene Eingabe entgegenzunehmen. Als er sich jedoch von ihrem interessanten Inhalt überzeugt hatte, entschloß er sich zur Weiterleitung nach Berlin, wo sie sich noch jetzt befindet, ohne daß indessen ersichtlich wäre, welchen Eindruck sie dort gemacht hat.

Der Mann, der dann später nach Hompeschs Sendung seit dem Sommer 1789 die führende Rolle bei den geheimen Verhandlungen der unzufriedenen Ungarn mit Preußen übernommen hat, war der schon erwähnte Paul von Bek, ein Ahne des Ministerpräsidenten Stephan Tisza. Bek — in dieser Form unterschreibt er sich selbst, während Fernerstehende meist die Form »Beck« anwenden — stammte aus einer verarmten Familie, die ursprünglich in den Komitaten Veszprém und Zala ansässig gewesen war und später in der Zips anzutreffen ist. Sein Vater Johannes war evangelischer Geistlicher und mit Anna Várady von Kéménd verheiratet [87a]). Paul von Bek war im Jahre 1761 geboren und nach vollendetem Studium der juristischen und politischen Wissenschaften in mehreren Gespanschaften und besonders im Zempliner Komitat von 1776—1782 in der Verwaltung beschäftigt gewesen, später bei den Großwardeiner Kommissarien, den Grafen Teleki und Haller, vor allem bei den Ausmessungsgeschäften. Zu Anfang des Jahres 1789 finden wir ihn als Konzipisten der ungarischen Statthalterei in Ofen; als solcher richtete er am 11. Februar 1789 an den Grafen Pálffy ein Gesuch um eine Hofkonzipistenstelle, das am 16. Februar von Graf Karl Zichy befürwortet wurde, der ihn als »geschicktes und fleißiges Individuum« bezeichnet. Bis zur Bewilligung des Gesuches verging indessen mehr als ein halbes Jahr, in welchem er demnach weiter bei der Ofener Statthalterei als Konzipist beschäftigt war. Bek war es, den die ungarische Nation am 21. August 1789 als Bevollmächtigten zu Hompesch und zu Karl August entsandt hat. Hompesch sagt von diesem, er sei bei der ungarischen Statthalterei angestellt und habe nur einen Urlaub von drei Wochen erhalten können. (Vgl. oben S. 43.) Da auch Bek selbst sich später auf seine Reise zu Karl August im Sommer 1789 bezog (vgl. S. 54), so steht die Identität außer Zweifel. Während jenes Urlaubs erfolgte am 3. September seine Ernennung zum Hofkonzipisten; am 1. Oktober hat er den Amtseid abgelegt [88]). In Wien, wo er somit jetzt beschäftigt war, und wo er dienstlich mit dem Hofrat Andreas von Semsey in Berührung gekommen sein wird, der gleichfalls führend an der Verschwörung beteiligt war, trat Bek in die engste Verbindung mit dem preußischen Residenten, späteren Gesandten Jacobi; noch ein ganzes Jahr lang fanden zwischen beiden immer wieder persönliche Zusammenkünfte statt, ohne daß die Wiener Polizei trotz ihres Heeres von Spionen jemals den wahren Sachverhalt hat aufdecken können. Später leistete Bek dem Hofe solche Dienste, daß er 1799 das Dorf Bököny und das Prädikat Bökönyi erhielt. Im Jahre 1827 ist er gestorben. Seine Tochter Pauline von Bek heiratete den Grafen Emmerich von Degenfeld und war somit die Großmutter Stephan Tiszas [89]).

In Wien teilte Bek Jacobi alsbald mit, daß die Nation einen vertrauten Mann nach Berlin zu senden gedenke. Jacobi, der sich natürlich schriftlich sehr vorsichtig ausdrücken mußte und sich für alle Fälle salvieren wollte, sagt, er sei entschieden dagegen gewesen und habe Bek empfohlen, diesen Schritt noch zu verhindern, weil er voraussehe, daß dieses Unternehmen ganz ergebnislos sein werde, andererseits aber für die ganze Nation schicksalsschwere Folgen haben würde. Aber Jacobis Einwendungen machten keinen Eindruck, um so weniger, als sie schwerlich ernst gemeint gewesen sein werden. Am 10. Oktober konnte Jacobi seinem König mitteilen, daß die ungarische Nation im Begriff sei, einen Bevollmächtigten nach Berlin zu entsenden, um dort ihre Bitte vorzutragen [90]). Den Namen Bek dem Papier anzuvertrauen, konnte er natürlich nicht wagen. Jacobi wußte, wie sehr man sich in Potsdam mit den ungarischen Plänen beschäftigte und stand mit Bischoffswerder hierüber in schriftlicher Verbindung, hatte auch am 19. August persönlich in Neiße mit Friedrich Wilhelm II. gesprochen [91]). Er wußte daher, daß es im Sinne des Königs war, wenn er die ungarischen Pläne förderte. Dieser selbst gab ihm Verhaltungsmaßregeln für sein Benehmen gegen Bek und dessen Genossen [92]). Von gewichtiger ungarischer Seite wurde Jacobi mitgeteilt, daß die Lage Ungarns von Tag zu Tag unglücklicher, der Zustand für die Nation immer erniedrigender werde, daß die letzten Verordnungen Josephs über die Militärgerichtsbarkeit jeden Ehrenmann über die willkürliche Behandlung seines Vaterlandes auf das tiefste verletzten [93]), und ein andermal geradezu, daß ein Aufstand vorbereitet würde [94]).

Am 28. Oktober verlangt Friedrich Wilhelm II. in einem eigenhändigen Schreiben nähere Auskunft über die Verhältnisse Beks und den Termin seiner Ankunft in Potsdam [95]). Zugleich gestattet der König Jacobi auf dessen Bitte, daß von nun an Jacobis Berichte von denen seines ebenso wie Hertzberg ein friedliches Verhältnis zu Österreich erstrebenden Kollegen Podewils getrennt sein sollen, sodaß er von nun an nicht nur, wie bisher, in besonderen Briefen, sondern auch in den Berichten selbst durch Rücksicht auf diesen nicht behindert sprechen kann. Jacobi antwortet am 7. November, daß Bek, den eine Reihe der ersten Männer Ungarns nach Berlin senden wollen, ein hübscher junger Mann sei, er sei mit Beglaubigungsschreiben und Papieren mit sehr bekannten Unterschriften ausgerüstet, die er dem König zu Füßen legen wolle. Er plante eigentlich bereits Anfang November in Berlin einzutreffen und hatte diesen Entschluß schon gefaßt, als Belgrad eingenommen wurde (9. Okt. 1789). Besondere Umstände — gemeint ist wohl seine dienstliche Tätigkeit — hatten ihn aber zu einem Aufschub veranlaßt. Im Oktober hatte Bek Hompesch in einem Brief gebeten, in den ersten Tagen des November wieder in Berlin zu sein, um mit ihm gemeinsam die Verhandlungen zu führen [96]). Jacobi hatte aber nicht gewagt, diesen Brief der Post anzuvertrauen, da die

Schrift den Verfasser hätte verraten können. Jacobi weiß auch zu melden, daß die Unzufriedenheit in Ungarn ihren Höhepunkt erreicht habe. Man fordere vergebens, aber immer wieder, die Einberufung des ungarischen Reichstages. Der Kaiser wolle mit Militärgewalt die Armeelieferungen erzwingen. Die Erbitterung sei nicht mehr zu überbieten [97]).

Mitte November traf Bek in Berlin ein und wurde vom König in einer geheimen Audienz empfangen. Der Adjutant des Königs, Oberst von Bischoffswerder, schildert in einem Bericht an Karl August vom 25. November, wie Bek die Lage der Ungarn, ihre Wünsche, ihre Entschlüsse, ihre Mittel und ihre Hoffnungen auf die Hilfe des Königs in allen Einzelheiten dargelegt habe. Der König ließ keinen Zweifel über seine Absicht, den Krieg gegen den Kaiser zu beginnen und durch ein Armeekorps, das er an die ungarische Grenze senden wollte, die Zuversicht der Nation zu erwecken. Bek teilte mit, die Nation erwarte ihren König aus den Händen Friedrich Wilhelms und nannte die Namen der Fürsten, die in Betracht kommen könnten. Bischoffswerder warf ein, Herzog Karl August von Weimar sei der geeignetste, und der König stimmte dem kurzweg zu. Man einigte sich demnach auf dessen Kandidatur; wenn Karl August ebenfalls dieser Wahl zustimme, sollten weitere Schritte unternommen werden. Der Herzog sollte sich in diesem Falle im Laufe des Winters unter einem Vorwand nach Berlin begeben, um den Plan reiflich zu erwägen und die Ausführung zu besprechen. Wenn die Türken den Krieg fortsetzen und nicht vorzeitig Frieden schließen, sei die Durchführung sehr leicht [98]). Bek sollte nach der Audienz alsbald wieder nach Ungarn zurückkehren, um auf der nun geschaffenen neuen Grundlage mit seinen Auftraggebern und sodann mit Jacobi weiter zu verhandeln und später wieder nach Potsdam zurückzukehren. Ursprünglich war eine Besprechung mit Jacobi schon für den 1. Dezember vorgesehen worden. Da aber die Audienz in Potsdam erst etwa am 20. November stattgefunden hatte, teilte der König Jacobi mit, daß diese Konferenz erst am 15. Dezember, abends 8 Uhr stattfinden könne. Sollte Bek infolge unvorhergesehener Hindernisse auch dann noch nicht zur Stelle sein können — ein Fall, der auch wirklich eingetreten ist — so solle sich Jacobi, um die Neuigkeiten zu vernehmen, an den Hofrat Semsey wenden [99]). Hompesch, der an den Verhandlungen Beks in Potsdam hatte teilnehmen sollen, traf erst ein, nachdem Bek schon wieder abgereist war; er plante zunächst eine Reise nach Warschau, um auch dort für das Projekt zu arbeiten. Schon von Anfang an hatte er die Absicht gehabt, auch Polen für seine Pläne zu gewinnen, wie die ständig wiederholte Bitte um Vermittlung einer Verleihung des polnischen Weißen Adlerordens zeigt. Der in dieser Zeit erfolgende Abschluß des polnisch-preußischen Bündnisses kam diesen Plänen besonders zustatten. Da jedoch der mit ihm in Verbindung stehende Graf KRASZINSKI in derselben Angelegenheit nach Warschau gereist war, begnügte sich Hompesch damit, sich noch einmal in Weimar mit Karl August zu besprechen und dann nach Hause zurückzukehren (vgl. unten S. 55).

VIII.

Die Kandidatur Karl Augusts auf den ungarischen Königsthron.

Herzog Karl August war bei jener Audienz Beks in Potsdam, wie wir wissen, nicht das erstemal als Thronkandidat für Ungarn genannt worden. Die Rolle, die er beim Zustandekommen des Fürstenbundes spielte, seine Politik, die eine Wiederbelebung des Reichsgedankens, wenn möglich unter preußischer Führung, erstrebte, trug ihm großes Ansehen und Vertrauen ein, auch außerhalb Deutschlands. Daß er die Herzogswürde mit dem Königsthron vertauschen sollte, war in Ungarn wiederholt erörtert worden, schon bevor Hompesch im Frühjahr 1789 in Weimar eintraf. Selbst in Warschau war einmal von seiner Kandidatur für den polnischen Thron die Rede [100]). In seiner politischen Haltung war er wohl beraten von dem prächtigen, aufrechten, impulsiven Hofjägermeister Freiherrn von STEIN, der damals preußischer Gesandter in Mainz war, ein Bruder des großen preußischen Staatsmannes. Ein anderer Bruder starb im März 1790 in Ungarn [101]). Stein befand sich im Herbst 1789 in Potsdam und war im allgemeinen in die preußischen Pläne sowohl diplomatisch durch Bischoffswerder wie auch militärisch durch General VON MOELLENDORF eingeweiht worden. Danach sollten die Niederlande vom Kaiser befreit und selbständig gemacht, ein polnisches Bündnis abgeschlossen und Kursachsen für den Plan gewonnen werden. Man rechnete mit der Hilfe der beiden Seemächte England und Holland. Der Krieg gegen Österreich sollte im Frühjahr 1790 beginnen. Stein verhielt sich diesen Plänen gegenüber kühl und kritisch. Die Staatskasse Preußens schien ihm nicht gerade in einem so günstigen Zustande zu sein, wie Bischoffswerder es glauben machen wollte. Auf die Hilfe Hollands und Englands war wenig zu rechnen, solange diese Staaten nicht ein eigenes Interesse am Feldzug hatten [102]). — Das unzufriedene Ungarn mußte daher einen nicht unwesentlichen Faktor in den preußischen Plänen bilden. Stein selbst war von der Thronkandidatur Karl Augusts, wie Bischoffswerder selbst berichtet [103]), von preußischer Seite nicht eingeweiht worden. Hingegen scheint das, wenn auch nur im Umriß, durch Karl August selbst geschehen zu sein, da Stein in einem späteren Briefe an diesen auf das Projekt anspielt [104]). Um so mehr beschäftigten die ungarischen Pläne den Herzog selbst. Bek, der schon im Sommer auf Hompeschs Veranlassung nach Weimar gekommen war und Karl August die geplante Befreiung Ungarns vom Kaiser auseinandergesetzt hatte, nahm jetzt seinen Rückweg wieder über Weimar, um dem Herzog über den gegenwärtigen Stand der Dinge zu berichten. Beide Unterhändler sind, wie schon Grossing von den ungarischen Emissären behauptet hatte, unter dem Vorwand des Weinhandels gereist. Hompesch reiste unter dem Deckmantel eines Weinhändlers Karl Meyer nach Weimar, Bek als Harrer von Aachen, um den Herzog als Chef der Weinhändlerkompagnie, nämlich als König von Ungarn, einzusetzen. Bek traf jedoch den Herzog nicht an und hinterließ ihm folgenden Brief, datiert vom 22. November 1789.

»Durchlauchtigster Herzog,
Gnädiger Herr!

Ich nahm meine Rückreise von Berlin über Weimar, um das Glück zu haben, Euer Durchlaucht über die nunmehr erfolgte Entwicklung der wichtigen Angelegenheit zu sprechen, worüber ich die Ehre hatte Euer Durchlaucht, vor vier Monaten, den Entwurf hier mündlich mitzutheilen. Die Sache ist nun zur Reife gekommen, da ich aber nicht umständlich seyn darf: so bitte ich Euer Durchlaucht unterthänigst, die umständliche Nachricht zu Berlin ehemöglichst einzuholen. Zu meiner größten Freude ist die Sache auch für Euer Durchlaucht so interessant, als ich es sehnlich gewunschen habe. Der Weinhändler H. Majer müßte auch von der Sache aufs eheste unterrichtet werden. Ich reise nun den Augenblick nach Hause, und werde alle meine Kräfte aufbieten, nicht nur den Weinhandel vollends durchzusetzen, sondern auch vorzüglich dabey, Euer Durchlaucht die unbegränzte Ehrfurcht und Anhänglichkeit zu beweisen, mit der ich ersterbe

Euer Durchlaucht,

unterthänigster

Weimar d. 22. Nov. 789. Harrer von Aachen.

Ich wünsche und hoffe sicher, Euer Durchlaucht bald als den Chef der Weinhändler Compagnie zu verehren — — — Ich schätze mich glücklich, daß ich der erste bin, der Ihnen, Gnädiger Herr, die heiligste Versicherung giebt, Gut und Blut dafür aufzuopfern.« [104])

Noch ehe Karl August auf den Brief Bischoffswerders antworten konnte, schrieb dieser am 4. Dezember 1789 an den Herzog, daß Hompesch erst nach der Abreise Beks in Berlin eingetroffen sei:

»Gnädigster Herr, Ew. Hertzogliche Durchl. übersende anbei unterthänigst drey Stück türkische Pfeifenköpfe von Terra sigillata, welche ich eben erhalten habe. Ich hoffe, daß mein voriger chifferirter Brief Höchstdenenselben richtig eingehändigt worden. Carl Meyer — i. e. H—psch ist auch jetzt hier, er glaubte B—k noch zu finden und wird sich auf seiner retour ew. Hertzogl. Durchl. zu Füßen legen, es sey denn, daß er noch vorher, wenn es die Umstände erfordern sollten, eine Reise nach Warschau mache, wohin der Gr. Kraszinski, mit welchem Meyer in Verhältniß steht, bereits vorausgegangen ist. Ich bin mit wahrer Treue und Ehrfurcht unverändert Ew. Hertzogl. Durchl. unterthänigst gehorsamster

Bischofwerder.«

An den ungarischen Plänen war naturgemäß Goethe als Geheimer Rat und Minister des Herzogs auf das lebhafteste interessiert; hätte er doch, falls Karl August ungarischer König geworden wäre, ihn wahrscheinlich nach Ofen begleiten sollen. Auf die Zuschrift Bischoffswerders entwarf Goethe eigenhändig die Antwort; diese zeigt Interesse für den Plan, bezeichnet aber als die unerläßliche Voraussetzung seiner Durchführung die Kriegserklärung Preußens an Österreich. Ohne diese würde der Gedanke der Kandidatur Karl Augusts an das Schicksal des Pfalzgrafen Friedrich V. erinnern, der in einem ähnlichen Falle die unglückliche Rolle eines Winterkönigs in Böhmen spielte. Goethe schrieb, der Herzog sei bereit, für die Unterhandlungen zum König zu fahren, doch wenn irgend möglich nicht nach Berlin, dessen Karnevaltreiben er auf jeden Fall vermeiden möchte, sondern nach Potsdam, wo sein Erscheinen weniger Aufsehen erregen würde, und, so kann man wohl hinzufügen, keine Gefahr eines störenden Dazwischentretens Hertzbergs zu befürchten war, dieses »Junker Plump von Pommerland«, wie man den verhaßten Minister im vertrauten Kreise des Herzogs zu bezeichnen pflegte. Falls daher der König schon von

Potsdam abgereist sei, bittet Karl August um Aufschub der Zusammenkunft bis zum Frühling[105]. Nachdem dieser Brief am 6. Dezember an Bischoffswerder abgesandt wurde, kamen dem Herzog noch weitere Bedenken wegen des ersten Unterhändlers Hompesch, und er antwortete am 11. Dezember auf den zweiten Brief Bischoffswerders. Im Haupt- und Staatsarchiv zu Weimar liegt ein Auszug dieses Schreibens (D 1664 Nr. 6):

»Meyers (Hompesch) Charakter ist gewiß gut, und sein Wille der beste, nur muß ich Sie für seine Indiscretion warnen, welche ihn verleitet, dasjenige wohl auch einmahl an table d'hôte zu erzählen, was er uns mit dem größten Geheimniß anvertraut; durch Ohrenzeugen habe ich Dinge erfahren, die er dorten geredet hatte; über dieses ist er noch ein Erz-Spieler und verliert mehr als er besitzt: ich halte es für meine Schuldigkeit, Ihnen nichts zu verschweigen und Ihnen die Personen näher kennen machen, mit denen wir jezt zu thun haben.«

Bischoffswerder stimmte zwar betreffs der Schwatzhaftigkeit Hompeschs mit dem Herzog überein, hielt aber doch dessen Gedanken für durchführbar und der Erfüllung näher als je. Er antwortete auf die Bedenken des Herzogs am 20. Dezember mit folgendem Brief:

»Gnädigster Herr,

Durch die neuen Beweise Ew. Hertzogl. Durchl. gnädigsten und mir unschätzbaren Wohlwollens von wahrer Erkentlichkeit durchdrungen, eile ich in Bezug auf den übrigen Inhalt dieser d. d. 6. u. 11^{tn} ds. an mich erlassenen Schreiben, Höchstdenenselben einige Bemerkungen zu Füßen zu legen.

1° Scheinen mir die Hoffnungen der bewußten Freunde, bei gegenwärtiger Lage des Ganzen, gegründeter als jemahls.

2° wird H—sch Ew. Hertzogl. Durchl. mündlich — von denen zur Ausführung des Plans bereits getroffenen Anstalten — Bericht erstattet haben.

3° habe ich leider! in Ansehung seiner übertriebenen Lebhaftigkeit und übrigen individuellen Betragen, Beobachtungen gemacht, welche — der mir gnädigst gegebenen Warnung gemäß — die größte Behutsamkeit zur Nothwendigkeit machen.

4° Möchten die nunmehr angebrachten Hebel wohl hinhinreichend seyn, um die erwähnte große Machine von Grund aus zu bewegen.

5° Überlasse ich es Höchstdero eigenen Ermessen, ob zu

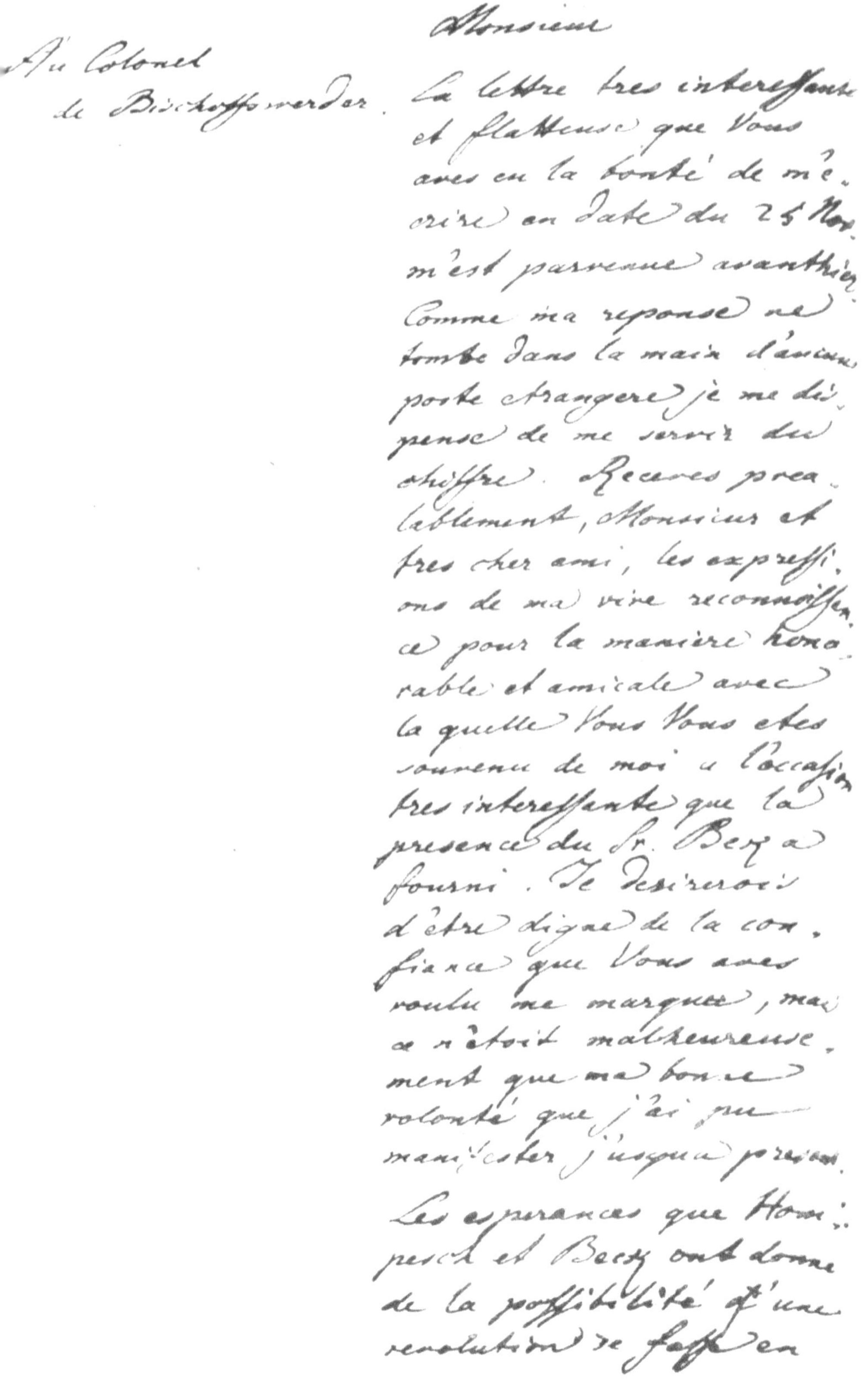

Au Colonel
de Bischoffswerder.

Monsieur

La lettre tres interessante
et flatteuse que Vous
aves eu la bonté de m'é-
crire en date du 25 Nov.
m'est parvenue avanthier.
Comme ma reponse ne
tombe dans la main d'aucun
poste etrangere je me dis-
pense de me servir du
chiffre. Recevez prea-
lablement, Monsieur et
tres cher ami, les expressi-
ons de ma vive reconnoissan-
ce pour la maniere hono-
rable et amicale avec
la quelle Vous Vous etes
souvenu de moi a l'occasion
tres interessante que la
presence du Sr. Bez a
fourni. Je desirerois
d'être digne de la con-
fiance que Vous aves
voulu me marquer, mais
ce n'êtoit malheureuse-
ment que ma bonne
volonté que j'ai pu
manifester jusqu'a present.
Les esperances que Hom-
pesch et Becz ont donné
de la possibilité d'une
revolution se fasse en

Goethes Briefentwurf
in Angelegenheit der ungarischen Thronfrage.

se fasse en Hongrie si S. M. le Roi de Prusse attaquoit l'Autriche pendant le tems d'ignorant ou cette dernière puissance est si occuppée et ou ses finances et son armée sont si fortement delabrées, me paroissent etre dignes d'attention, et je crois qu'on fait bien de ne point negliger des connoissances qui, quelque foibles qu'elles soient peuvent servir a procurer quelque avantage si les armes prussiennes sont heureuses; mais je ne scaurois me nier qu'en meme tems il faut etre extrement sur ses gardes de ne point s'embarquer trop loin avec des gens dont la position et les relations ne sont nullement d'une espece qui inspire une confiance illimitée. Hompesch et Becq peuvent servir utilement comme boute feu si le Roi se resout d'embraser la Monarchie Autrichienne, mais certes il faudra bien d'autres leviers pour remuer une machine dont les fondemens sont si solides. L'Idée de ces Mrss. de s'élire deja presentement un Roi au milieu du Corps Germanique m'a fait souvenir de l'histoire de ce malheureux Prince Palatin qui acquit en Boheme le titre de Roy d'un hiver.

Pour ce qui regarde les moyens de nous entretenir tant sur cette interessante

Entwerfung des eventuellen Planes und hiezu unumgäng. nöthigen mündlichen Unterredung das Frühjahr könne abgewartet werden, oder ob es nicht vielmehr rathsam sey, sich der vita di cazzo auf einige Tage zu unterwerfen.

Der Hofjägermeister Frh. von Stein /: der von Obigen nicht unterrichtet ist :/ — dessen kluges, moderates, gleichförmiges und gegen mich wahrhaft freundschaftliches Betragen ich in aller Absicht zu rühmen Ursach habe — wird Ew. Hertzogl. Durchl. mit mehrerem berichten können, daß die Preuß. Alliance mit Pohlen unter uns angebothenen vortheilhaften Bedingungen nächstens zu Stande kommen wird; daß den letztern Nachrichten zu Folge der Kayser Selim entschlossen ist, den Krieg fortzusetzen und sich zu dem Ende — Anfangs Mertz — nach Adrianopel begeben will; daß Kayser Joseph 12 Battail. Infanterie u. 2 Reg. Cavallerie aus dem Bannat nach Gallizien zieht, welches uns nöthigen wird, dieser Demarche mit aller Aufmerksamkeit und erforderl. Kraft zu begegnen etc. etc. Von den Vorgängen in Brabant sind Ew. Hertzogl. Durchl. zu gut unterrichtet, als daß ich nöthig hätte in Ansehung des Bezugs, welche diese Veränderung auf unser System haben muß, etwas zu erwähnen.

Mit wahrer fester Treue bin ich lebenslang

Ew. Hertzogl. Durchlaucht
unterthänigst gehorsamster
Bischofwerder.«

Karl Augusts Antwort an Bischoffswerder vom 28. Dezember ist wieder von Goethes Hand entworfen. Hier kommt noch deutlicher, im Gegensatz zu seinem früheren Verhalten, die Skepsis zum Ausdruck, die der Herzog jetzt dem ganzen Plane gegenüber hegte. Vielleicht ist diese Gesinnungsänderung nicht zum wenigsten auch auf Goethes Einfluß zurückzuführen[106]).

»Hochwohlgebohrener,
sehr wertgeschätzter Herr Obrister.

Ew. Hochwohlgeb. Schreiben vom 20. dieses habe ich durch den Hofjägermeister Stein erhalten und mit besonderem Vergnügen daraus ersehen, wie Sie mit dessen Betragen gegen Sich vollkommen zufrieden sind.

Ich habe mit H——— (von derselben Hand ergänzt: —ompesch) bey Steins Durchreise aufs neue ausführlich gesprochen und mich genau zu unterrichten gesucht, inwiefern seinem Vorbringen zu trauen, und mit welcher Zuverlässigkeit darauf zu bauen seyn möchte. Allein ich muß aufrichtig bekennen, daß mir seine Angaben sehr vag und unbestimmt geschienen, indem er weder von bedeutenden Personen, die mit in diese Affaire begriffen seyen, Nachricht, noch von einem gründlich durchdachten und eingeleiteten Plan einige Überzeugung geben konnte.

Ew. Hochwohlg. werden mich also wohl entschuldigt halten, wenn ich unter diesen Umständen das wiederhohle, was ich in meinem letzten Briefe schon geäußert: daß ich nehmlich gegenwärtig mich nicht im Stand fühle zu einem wegen dieser Angelegenheit festzusetzenden Plane mit zu souccouriren. Ich kann mir nicht anders denken: als daß man erst jenen Zeitpunkt abzuwarten habe, wenn man die siegreichen Pr. Waffen in Ungarn sehen, die Gesinnung der Nation kennen und ihre Wünsche unmittelbar erfahren wird; früher möchte es immer gewagt seyn, etwas festzusetzen und auf einen nicht genug legitimirten Antrag zu tief einzugehen.

Indessen will ich nicht läugnen, daß mir diese H.-ische Aeußerungen auch nur im allgemeinen den Werth zu haben scheinen, daß sie uns von der Unzufriedenheit und der heimlichen Gährung, welche in sämmtlichen kayserl. Landen arbeitet, einen neuen Beweiß giebt. Die glücklichen Fortschritte der Brabanter erneuen den übrigen Mißvergnügten den Muth, und wenn die Türken fortfahren, den beyden Kayserhöfen zu thun zu geben, so möchte wohl die äußere Lage nicht vorteilhafter als gegenwärtig gefunden werden können. Der erschütterte, geschwächte und durch die Krankheit seines Regenten in einen zweifelhaften Zustand versetzte Oesterreichische Staat würde wohl schwerlich einer frischen, wohl dirigirten Macht widerstehen können und man würde sich wohl in dem Fall sehen können, Absichten zu erreichen, welche vor wenig Zeit noch viel entfernter scheinen mußten.

Der Augenblick möchte einer der günstigsten seyn, welche sich denken lassen, nur werden Ew. Hochwohlg. besser als ich beurtheilen können, ob zu Haus auch alles so bestellt sey, daß man sich getrost herauswagen könne, und ob die gegenwärtigen äußeren und inneren Feinde des Hauses Oesterreich gesinnt sind, mit Energie ihre Operationen fortzusetzen. (Am Rande nachgetragen: denn sollten freylich die Türken sich zum Frieden geneigt finden lassen, so würde auch von den Ungarn wenig zu hoffen seyn, und die beyden vereinten Kaiserl. Mächte würden die Preußische zu balanciren wohl Kraft genug haben.)

Meine Gesinnungen, die ich ohne Rückhalt Ihnen hier mittheile, sind, wie Sie wohl wissen, mehr durch die allgemeine Kenntnis der politischen Lage als durch genauere Nachrichten des Moments bestimmt, und Sie werden sie daher am besten beurtheilen und, insofern Sie es nützlich finden, davon Gebrauch machen können.

Ew. Hochw.

C. A. H. z. W.«

Die abwartende Haltung, die in diesem Schreiben zum Ausdruck kommt, — bestärkt wohl besonders durch den obenerwähnten Bericht des Freiherrn von Stein, an den sich wörtliche Anklänge nachweisen lassen — konnte Bischoffswerder in dem Glauben an die Ausführbarkeit des Planes selbst nicht wanken machen. Wenn auch der Charakter Hompeschs nicht vertrauenswürdig sei und dieser sich ungeschickt ausgedrückt haben mochte, schien ihm dennoch, daß die politische Lage mancherlei ermögliche[107]). Infolge der Zurückhaltung Karl Augusts mußte aber der Plan zunächst bis zur preußischen Kriegserklärung zurückgestellt werden. Inzwischen erbat man Karl Augusts Vermittlung in einer anderen Angelegenheit. Am 9. Januar 1790 schrieb ihm Bischoffswerder über die kritische Lage, die den Krieg mit dem Kaiser für das Frühjahr wahrscheinlich mache. Der König beabsichtigte, sich für den bevorstehenden Feldzug der Neutralität und, wenn möglich, der Bundesgenossenschaft Kursachsens zu versichern; dazu erbat er die Vermittlung Karl Augusts, der als Mitglied des sächsischen Hauses dazu geeigneter war als irgend ein anderer Fürst. Schon am 11. Januar erklärte sich der Herzog bereit, zum König zu fahren, doch verlangte er, zugleich mit dem Herzog von Braunschweig empfangen zu werden, um nicht den Schein zu erwecken, als wolle er bei dieser wichtigen Gelegenheit für sich etwas erreichen. Auch dieser Brief an Bischoffswerder vom 11. Januar ist von Goethes Hand geschrieben.

»Ew. Hochwohlgeb. vor einigen Stunden erhaltenes Schreiben habe ich mit großer Begierde entziffert und mit vielem Interesse gelesen; ich gebe Ihnen sogleich statt einer umständlichen Antwort einen lebhaften Wunsch zu erkennen, den ich in diesem Augenblick hege: verschaffen Ew. Hochlgeb. mir die Erlaubnis, Ihro Maj. dem Könige etwa binnen hier und 16 Tagen aufwarten zu dürfen.

Nach dem Inhalte Ew. Hochwohlgeb. Schreibens scheint es mir höchst nöthig, daß ich Ihro Maj. mündlich meine Dankbarkeit für das gnädige Zutrauen bezeige u. dero höchsten Willen in seinem ganzen Umfange vernehme, ehe ich einen Entschluß zu fassen im Stande bin.

Da ich bei dieser Gelegenheit Proben meiner aufrichtigen Anhänglichkeit an Ihro Maj. höchste Person, und meines Eifers für das Interesse des preußischen Hauses zu zeigen hoffe, so darf ich dagegen auch eine Bitte wagen, welche mir unter diesen Umständen sehr am Herzen liegt, deren Erfüllung mich in dem gegenwärtigen Falle allein beruhigen könnte. Es wäre des Herzogs von Braunschweig Durchl. zu gleicher Zeit in Berlin zu sehen, wenn ich mich dort, um die Befehle des Königs zu vernehmen, einfinde.

Ew. Hochwohlgeb. billigen gewiß die Gesinnungen, welche mich zu dieser Bitte veranlassen. Ich wünschte nicht den Schein zu haben, als wenn ich mich bei einer so wichtigen Gelegenheit zudrängte und ein unverdientes Vertrauen einzeln zu erzwingen suchte.

Versammeln aber Ihro Maj. in einem so wichtigen Momente Ihre Anverwandte und die, auf welche Sie Ihr größtes Vertrauen setzen, wird mir alsdann aufgetragen etwas auszuführen, was nothwendig und heilsam scheint, so kann mich das Publikum nicht als einen unruhigen Kopf ansehen, der seine Existenz darin findet zu stören und anzustiften und dergleichen Aufträge mehr zu veranlassen als zu übernehmen.

Wie mich nun bey dieser Gelegenheit mein Eifer, Ihro Maj. zu dienen, gewiß nicht verlassen wird, so wird mich dagegen die Anwesenheit des Herzogs von Br. beruhigen und mir Muth geben auch über äußere Bedenklichkeiten hinaus zu gehen, die sich mir bey diesem Geschäfte allenfalls in den Weg stellen könnten.

Schließlich ersuche ich Ew. Hochwohlgeb., mich Ihro Maj. zu Füßen zu legen und überzeugt zu seyn, daß ich mich freue bald mündlich bezeugen zu können, wie bey dieser Gelegenheit auch das von Ew. Hochwohlgeb. mir bewiesene Vertrauen mich gerührt hat. Der ich die Ehre habe pp.

C. A. H. z. W.«

Karl August ist auch wirklich im Februar 1790 über Braunschweig nach Berlin gereist, wenngleich die geplante Reise zum sächsischen Hofe durch dessen ablehnende Haltung gegenstandslos wurde. In Berlin wird man auch über das ungarische Projekt mündlich weiter verhandelt haben, sodaß wir kein weiteres Schreiben Karl Augusts oder Goethes in dieser Angelegenheit besitzen, die jedoch beide weiter beschäftigte, solange die Kriegsvorbereitungen gegen Österreich dauerten, und auch noch i. J. 1790, als Goethe den Herzog zu den preußischen Manövern begleitete. Bei der Campagne in Frankreich sah Goethe noch einmal Baron von Hompesch, doch hatte sich später die Erinnerung an diesen bei ihm so verwischt, daß er ihn mit einem anderen verwechselte. Auch eine Karikatur Goethes, die den Dichter in halb ungarischer und halb deutscher Tracht darstellt, scheint durch diese ungarischen Pläne angeregt zu sein [108]).

Auf die Zusage des Herzogs war die Einladung des Königs am 14. Januar erfolgt, jedoch ohne den Herzog von Braunschweig hinzuzuziehen, da die Verhandlungen noch nicht genügend fortgeschritten waren. Dafür aber sollte der Herzog seinen Weg nach Berlin über Braunschweig nehmen, sich dort mit dem Herzog Karl beraten und von Berlin dann nach Dresden fahren, um die Verhandlungen über die sächsische Neutralität bei dem Frühjahrskrieg zu führen [109]). Bischoffswerder sandte mit dem königlichen Handschreiben zugleich folgenden Brief vom 14. Januar:

»Ew. Hertzogl. Durchl. werden aus dem Königl. Einladungsschreiben zugleich den Wunsch ersehen: daß Höchstdieselben über Braunschweig reisen und mit diesem durchlauchtigsten Freunde (dessen Anherokunft anjetzt nicht wohl möglich ist) die Rücksprache nehmen mögten, welche Ihnen bei gegenwärtiger Lage nöthig scheint. Derselbe ist bereits hievon prevenirt, und erst vor wenig Tagen ist Maj. v. Grabert wieder von hier abgereiset, um von allem, was unsern politisch. und militärisch. Operations-Plan betrifft, S. Durchl. ausführlichen Rapport abstatten zu können.

Die Convention, welche wegen Anerkennung der Independenz von Brabant bereits am 10. ds. vom hiesigen, engl. u. holländisch. Ministerio unterzeichnet worden, mögte nun wohl denen Wiener Negotiationen im Reiche ein mächtiges Hinderniß in den Weg legen, den Kayser aber um so mehr gegen uns aufbringen, weshalb es wohl nöthig ist, auf alle wahrscheinliche u. mögliche Fälle die gehörigen Anstalten zu treffen und zu verabreden.

Ich sehe dem Augenblick mit Verlangen entgegen, welcher

mir das Glück verschaffen wird, Ew. Hertzogl. Durchl. persönlich die Versicherungen meiner unwandelbaren Treue und Ehrfurcht zu Füßen zu legen.

Herzog Karl von Braunschweig seinerseits lud Karl August zu einer Zusammenkunft für den 20. Januar ein und sprach sein Bedauern darüber aus, daß dieser sich nicht schon vor sechs Wochen nach Berlin begeben habe, als noch die Verhandlungen wegen seiner ungarischen Thronkandidatur im Gange waren [110]. Der Herzog von Braunschweig selbst erhielt ein Schreiben des Königs, datiert vom 16. Januar, wonach dieser seine Pläne in bezug auf Sachsen auseinandersetzt. Eine Neutralität des Kurfürsten sei unzulässig und könne ihm nicht genügen, vielmehr fordere er die Teilnahme Kursachsens am Frühjahrsfeldzug. Dafür sollten dem Kurfürsten die alten Rechte Sachsens auf Saatz und Aussichten auf die polnische Krone zugestanden werden. Nachdem die Bundesgenossenschaft Sachsens gesichert sei, könne man den Plan für den Feldzug in Böhmen ausarbeiten [111].

Karl August begab sich zu der verabredeten Besprechung nach Berlin. Der Zweck des Besuches wurde natürlich völlig geheimgehalten. Auch Stein war nur ganz im allgemeinen darüber orientiert. Stein betrachtet die ganze Politik vom Standpunkt des Fürstenbundes aus. Für alles übrige hat er wenig Verständnis, zumal da er nicht völlig eingeweiht ist. Nachdem später der Fürstenbund durch die preußische Politik infolge der Annäherung an Österreich vernachlässigt wird, kann er nicht genug Worte des Abscheus Hertzberg gegenüber finden, den er für den Schuldigen hält. Lebhaftes Interesse an der Politik, allerdings ebenfalls nur soweit sie die Angelegenheiten des Reiches betraf, nahm auch die Herzogin. Noch weniger als Stein, der sich den Zweck des Besuches Karl Augusts in Braunschweig nicht erklären konnte [112], war sie in die feineren Fäden der Politik, vor allem auch nicht in das ungarische Projekt und die Kriegsabsichten Preußens, eingeweiht. Sie glaubte, wie die meisten Außenstehenden, der Besuch ihres Gatten in Berlin gelte den Reichsangelegenheiten, in erster Linie den durch die Vertreibung des Bischofs von Lüttich entstandenen schwierigen Fragen. »Wie den Messias , so erwartete man in ihrem Kreise Nachrichten, ob es dem Herzog gelungen sei, in diese Dinge Klarheit zu bringen [113]. Am 4. Februar weiß sie zwar von der geplanten »feierlichen Gesandtschaft« ihres Gatten, aber die ganze Politik scheint ihr jetzt so verworren zu sein, »daß einem der Verstand stille steht«. Sie versteht »keinen Tropfen mehr von der Politik von heute« [114].

Karl August weilte zu Anfang Februar in Berlin, um zunächst die diplomatischen Vorbereitungen für die Mission abzuwarten, die durch Hertzberg und den Grafen Loß in Dresden getroffen wurden. Mit Kursachsen wurde indessen gleichzeitig von österreichischer Seite aus verhandelt, mit dem Erfolge, daß man sich in Dresden den preußischen Plänen gegenüber ablehnend verhielt. Schon am 9. Februar schrieb der Herzog von Braunschweig, der von dem Gange der Verhandlungen beständig unterrichtet wurde, an Hertzberg, man habe schon viel gewonnen, wenn man den Kurfürsten für einen einfachen Defensivvertrag gewinnen könne [115]). Inzwischen waren Berichte eingetroffen, welche die Lage noch weit ungünstiger erscheinen ließen, vor allem eine Depesche des Grafen Loß vom 25. Januar 1790 über die sächsisch-österreichischen Beziehungen und ein Bericht des, um Karl August vorzuarbeiten, nach Dresden entsandten Lucchesini über die grundsätzliche Abneigung gegen die preußischen Pläne. Karl August hatte sich schon auf die Nachrichten des Grafen Loß hin entschlossen, auf die Dresdener Reise zu verzichten [116]). Vollends gegenstandslos wurde diese nach dem Eintreffen von Lucchesinis Bericht vom 9. Februar [117]). Eine sich hieran knüpfende Besprechung mit Hertzberg am 12. Februar 1790 über die allgemeine politische Lage wird für den Herzog den Abschluß der ganzen Angelegenheit gebildet haben [118]). Die allzu leichte Behandlung Sachsens durch Friedrich Wilhelm II. hatte sich gerächt. Der Plan, im Frühjahr durch Sachsen nach Böhmen vorzurücken, war gescheitert, wenn man nicht ebenso vorgehen wollte wie Friedrich der Große im Jahre 1756. Von einer Mithilfe Englands im Falle eines preußischen Offensivkrieges gegen Österreich wollte Pitt nichts wissen. Er hielt es für das beste, Preußen dadurch hinzuhalten, daß er dessen Anfragen in dieser Angelegenheit monatelang unbeantwortet ließ. So schienen die Pläne des Königs von Preußen nach und nach zu zerfließen. Stein, dessen Schmerzenskind der Fürstenbund gewesen war, der nun durch den Abfall Sachsens einen schweren Stoß erlitten hatte, bis er durch die Konferenz von Reichenbach vollends gegenstandslos wurde, schreibt am 8. März 1790 aus Mainz an Karl August: »So geht es unter den Kindern der Menschen, und scheitern ihre Ent- und Beschlüsse, so verdampfen die Projecte von entrissenen Niederlanden, von wiedererworbenen Galizien, so verschwinden wie Nebel im Ossian die Ungarische Königes Kronen, so bleibt endlich vom Rhodischen Coloß (d. i. der Fürstenbund) auch nicht einmal die Stelle sichtbar, wo er aufgetürmt stand. Lassen sie uns demnach in uns selbst zurückkehren«, setzt er im Tone der Pietisten hinzu, »und ein Zoar suchen, einen Sicher-Ort gegen die Kinder

der Menschen, die da nicht im Lichte wandeln, sondern nur im Unsinn und Unrecht badeln wie die Gänse — ich beziehe die Wunden des Lammes — soll ich für Euer Durchlaucht etwa auch ein Kammerlein bestellen? und Sie dorten erwarten?«

IX.

Kriegsvorbereitungen zwischen Preußen und Österreich.

Der Kaiser war über die preußisch-ungarischen Verbindungen im großen und ganzen wohl unterrichtet, wenigstens soweit dies aus den sehr vorsichtig abgefaßten Gesandtschaftsberichten Jacobis möglich war; denn diese wurden, wie es das Wiener Staatsarchiv jetzt zeigt, zum großen Teil noch in Wien abgefangen und für Joseph mit großem Geschick dechiffriert. Verschiedentlich hat Joseph II. betont, daß er handgreifliche Beweise besitze, welche die preußische Wühlarbeit in Ungarn und Galizien erkennen lassen, doch hinderte ihn der Weg, auf dem er sie erlangt hatte, daran, sie offen und unbehindert auszunutzen. Er war fest entschlossen, den Absichten Preußens auf Vergrößerung seines Staatsgebietes durch Danzig, Thorn und eventuell Posen auf Kosten Österreichs, wie sie Hertzberg plante und durch ein Bündnis mit Polen durchzusetzen suchte, mit aller Kraft entgegenzutreten. Als er sah, daß er im Falle eines Feldzugs gegen Preußen auf eine tatkräftige Unterstützung durch seine Verbündete, die Zarin Katharina II., nicht rechnen konnte, war er geneigt, mit der Türkei Frieden zu schließen, um so freie Hand gegen den preußischen König zu bekommen. Auf den Rat des Fürsten KAUNITZ bemühte er sich, wenigstens äußerlich, in Ungarn Nachgibigkeit zu zeigen, ohne jedoch von seinem starren System eigentlich abzuweichen und auch ohne in Ungarn den rechten Glauben an seine Aufrichtigkeit zu erwecken.

In der Frage der das Land schwer bedrückenden Armeelieferungen schien er den Klagen nachzugeben, forderte aber dagegen Bezahlung in Bargeld. Um den Adel zu beschwichtigen, stellte er den Verkauf von Kirchengütern zu ermäßigtem Preis in Aussicht [119]), wollte aber neue Truppen durch Ungarn und Galizien führen, was wieder als eine neue Last empfunden wurde, die man Ungarn in diesem Kriege, der schon siebzig Millionen Gulden gekostet haben sollte, nicht mehr zumuten konnte; deshalb wurden die Truppen denn auch durch Siebenbürgen und die Bukowina transportiert [120]). Er ließ die vielgeschmähten Grundmessungen einstellen [121]), verwarf aber auf der andern Seite in eigensinniger Weise alle sonstigen Beschwerden, die ihm aus seinen Ländern vorgelegt wurden [122]). Daher blieb auch die Unzufriedenheit auf allen Seiten heftig, und allenthalben glühte es unter der Asche. Es wäre leicht zum Auflodern gekommen, wenn sich in den Türkenkrieg noch eine Macht eingemischt hätte [123]). So berichtet selbst Podewils am 9. Dezember 1789 von der Unzufriedenheit, die er bei seiner Durchreise in Böhmen und Mähren bemerkte, und die man nicht einmal vor ihm verbarg. In Ungarn führten stellenweise die militärischen Requisitionen zu offenen Unruhen [124]).

Da jedoch beträchtliche neue Kosten aufzubringen waren und die Hilfsquellen wieder stark in Anspruch genommen werden mußten, vor allem wenn ein Krieg mit Preußen nötig wurde, so durfte der Kaiser um keinen Preis die Dinge Ungarn gegenüber auf die Spitze treiben. Deshalb ließ er dort am 25. Dezember 1789 verkünden, daß er sich krönen lassen und den Reichstag einberufen wolle [125]). Doch machten diese bloßen Versprechungen noch keinen großen Eindruck, man wußte, daß sie nur von der Notwendigkeit des Tages erzwungen waren, und daß der alte Absolutismus wiederkehren würde [126]). Da alle Versprechungen zunächst nur Worte blieben, machten der Kanzler von Ungarn und der Kanzler von Siebenbürgen dem Kaiser energische Vorstellungen, er solle endlich auch durch Taten zur Besänftigung der ungarischen Nation schreiten, da die Unruhe durch die leeren Versprechungen nur noch gesteigert sei [127]). Die zur Vorbereitung des Reichstags tagenden Komitatsversammlungen verliefen stürmisch. Man forderte vor allem, daß die ungarische Krone nach Ungarn zurückgebracht werde, und daß die zehn königlichen Kommissare, die Joseph II. eingesetzt hatte, zurückgezogen, dafür aber die Obergespane bei den Komitaten wieder eingesetzt würden. In der Pester Komitatsversammlung ging man so weit zu fordern, daß, falls der Kaiser den Reichstag nicht selbst einberufen sollte, der Judex curiae laut Gesetz dies zu tun hätte. Der Gewalt des Kaisers sollte mit Gewalt begegnet werden [128]). Auch in den anderen Komitaten machte die Äußerung des Kaisers, der Ungarische Reichstag könne erst nach Friedensschluß einberufen werden, viel böses Blut, und man drohte mit der Einstellung der Armeelieferungen [129]). Die Komitatsversammlung von Raab forderte am 15. Januar 1790 in einer Eingabe an Joseph II. die sofortige Einberufung des Reichstags zur Rückführung der Krone, Wiedereinsetzung der Gespanschaften, des Klerus und der Freistädte in ihre alten Rechte, Abschaffung der neuen Gerichtsordnung und der deutschen Amts- und Unterrichtssprache, Abschaffung der Feldmessungen, Belassung der Kapitelarchive, der Stiftungs- und Waisengelder und des Studienfonds [130]). Darauf folgten weitere Vorstellungen der Komitate, die in so heftigem Ton gehalten waren, daß der Kanzler von Ungarn sechzehn solcher Komitatseingaben unterdrückte [131]). Auf dringendes Anraten des Fürsten Kaunitz, der bereits im Dezember für ein Nachgeben Ungarn gegenüber eingetreten war [132]), und des Thronfolgers Leopold [133]) entschloß sich dann Joseph kurz vor seinem Tode zu der berühmten Urkunde vom 28. Januar 1790, die den Reichstag für 1791 ankündigte und für die Zwischenzeit die Wiederherstellung des Zustandes von 1780 in der Reichsverwaltung und Rechtspflege zusagte [134]). Auch die Krone wurde nach Ungarn zurückgeführt, und diese Erfüllung der nationalen Wünsche brachte in Ungarn solche Begeisterung hervor, daß viele »das Herrscherhaus zu retten, zum zweiten Male bereit gewesen wären« [135]). In Wien hielt man die preußischen Emissäre, deren einer zu dieser Zeit abgefaßt wurde, für die Hauptschuldigen an den ungarischen Unruhen, die man jetzt beigelegt glaubte. Vor allem Preußen hatte man durch das Entgegenkommen gegen Ungarn zu treffen gesucht. Nach Jacobis Bericht wäre die Wiederherstellung der ungarischen Verfassung dem Kaiser durch die Berichte des Polizeiministers Graf Pergen über die Steigerung der Unruhen abgerungen worden [136]).

In Berlin schrieb man die Nachgibigkeit Josephs II. in begreiflichem Ärger seinem geschwächten Geisteszustande zu. Die politische Stellung Preußens war indessen trotz des Scheiterns eines Teiles der weitgreifenden Pläne des Königs noch immer recht günstig. Noch einmal erhielt, nachdem die Kriegsaussichten sich verschlechtert hatten, Hertzberg freies Feld für seine Pläne. Jacobi hatte bereits am 2. Dezember 1789 aus Wien gemeldet, daß die Schwäche Österreichs begründete Hoffnung erwecke, daß Österreich und Rußland demnächst die Friedensvermittlung mit der Türkei dem preußischen König übertragen würden [137]). Diese Aussicht, die eine Verwirklichung der Hertzbergschen Austauschpläne ermöglichte, rückte nach dem Tode des Kaisers in greifbare Nähe. Inzwischen gingen indessen die Verhandlungen mit den Unzufriedenen in Ungarn weiter.

Paul von Bek, der seine Rückreise von Berlin über Weimar und Regensburg machte, konnte nicht, wie verabredet, am 15. Dezember in dem durch die Wiener Polizei sehr stark bewachten Hause Jacobis erscheinen [138]) (vgl. oben S. 52). Inzwischen ließ Hofrat Semsey dem preußischen Gesandten mitteilen, daß seine Landsleute noch immer dieselben Gefühle für Preußen hegten und daß sie von den Maßnahmen des Königs das Heil für Ungarn erwarteten [139]). Auch Bek, dem es am 1. Januar 1790 gelang mit Jacobi zu sprechen, überbrachte den Dank der Ungarn für die warme Anteilnahme des Königs und versicherte, daß die Versprechungen des Kaisers nichts an dem Wunsch änderten, Friedrich Wilhelm II. möge für die Sicherheit und das Wohl Ungarns sorgen. Der Kaiser selbst sei allerdings jetzt schon bereit, der Nation ihre Gesetze und ihre Freiheit wiederzugeben, aber man zweifle an seinen Worten [140]). Einen Monat später besuchte Bek nochmals Jacobi und versicherte ihm, man glaube in Ungarn, die Nachgiebigkeit des Kaisers sei eine Folge der Furcht vor den preußischen Kriegsvorbereitungen. Jacobi erwiderte, es scheine, daß durch die Zugeständnisse Josephs II. an Ungarn in diesem Lande eine Begeisterung hervorgerufen würde, die das ganze Bild der Lage ändern könnte. Bek versicherte jedoch mit Nachdruck, daß sich im wesentlichen nichts geändert habe und ihm die Ereignisse recht geben würden. Jacobi selbst sah, daß die Zahl der Unzufriedenen seit seinem Berichte vom 22. Oktober 1788 beträchtlich gewachsen war, jedoch sei, sobald die Zugeständnisse wirklich erfüllt würden und Joseph II. aus dem Leben geschieden wäre, was man in allernächster Zeit erwarten müsse, eine neue Lage geschaffen [141]). Auch Podewils meldete seinerseits, man schreibe den Umschwung in der Gesinnung des Kaisers der Furcht vor Preußen zu und mache dem Kaiser in Ungarn Vorwürfe, weil er den Krieg mit der Türkei, das Bündnis mit Rußland und den bevorstehenden Krieg mit Preußen verschuldet habe [142]). Friedrich Wilhelm II. schrieb nun an Jacobi, er solle Bek, Semsey und Vécsey mitteilen: wenn auch die ungarische Nation leichtgläubig genug wäre, um den Versprechen des Kaisers Glauben zu schenken, so müsse sie doch klug genug sein, zur Sicherung ihrer Vorrechte die Garantie Preußens und allenfalls die der Pforte zu fordern, um sich vor der Bedrückung zu schützen, die von seiten des österreichischen Erzhauses bei gegebener Gelegenheit wieder zu erwarten wäre [143]). Auch sonst beauftragte sowohl der König selbst wie auch das Ministerium in seinem Namen Jacobi wiederholt, die Vorgänge in Ungarn zu beobachten [144]).

Inzwischen gingen die Kriegsvorbereitungen zwischen Wien und Berlin weiter. Jacobi meldet, während die Wiener Regierung in Böhmen und Mähren Kriegsmaßnahmen treffe, damit für den 1. April alles marschbereit sei, vergesse sie fast Ungarn, als hätten die Versprechungen des Kaisers nun alles beruhigt [145]). Joseph II. suchte alle Hindernisse zu beseitigen, um Preußen mit aller Kraft entgegenzutreten. Eine — in dieser Form natürlich unrichtige — Nachricht, die der Herzog von Braunschweig aus Wien erhielt, besagt, Joseph habe Thugut den Auftrag gegeben, den Frieden mit der Türkei um jeden Preis zu unterzeichnen, selbst mit Verzicht auf Belgrad, um sich gegen

Preußen wenden zu können [146]. Die Nachricht und ihre Weitergabe zeigt jedenfalls, was man dem Kaiser zutraute. Auch in Berlin gingen die Kriegsvorbereitungen, selbst nach dem am 20. Februar erfolgten Tode Josephs II. weiter, da die Kriegslust des alten Fürsten Kaunitz bekannt war; nach Weylands Bericht aus Berlin an Herzog Karl August erwartete man schon die allgemeine Mobilmachung in Preußen [147]. Die Artillerie wurde bereitgestellt, 300 Kanoniere mit der Anfertigung von Munition betraut, in den schlesischen Regimentern wurden die Beurlaubten zurückbeordert, die Armee wurde nicht, wie gewöhnlich, neu eingekleidet, und die großen Truppenübungen wurden schon früher als sonst nach Schlesien befohlen [148]. In Schlesien sollte rasch eine Armee von 60000 Mann zusammengezogen werden [149].

Alles hing nunmehr vom Verhalten des neuen Kaisers und Königs, LEOPOLDS II., ab, und dieser entschloß sich angesichts der bedrohten Lage seines Landes gegen Wissen und Willen seines leitenden Ministers zu dem bekannten Schreiben vom 26. März 1790 an Friedrich Wilhelm II., mit dem er sich bemühte, die Versöhnung der beiden seit einem halben Jahrhundert einander feindselig gegenüberstehenden Mächte anzubahnen.

X.

Forderung der preußischen Garantie für Ungarn.

Die unglückliche Außenpolitik Josephs II., der im Bündnis mit Rußland und mit Hilfe der Bourbonen in Frankreich und Spanien das verhaßte Preußen niederzuzwingen strebte, sich aber zunächst, seiner russischen Bundesgenossin zuliebe, in einen Türkenkrieg hatte einlassen müssen, hatte infolge der schon von Friedrich dem Großen begonnenen und von seinem Nachfolger mit Erfolg fortgeführten preußischen Gegenmaßregeln mit einem völligen Mißerfolge geendet und die Monarchie an den Rand des Abgrundes gebracht. Leopold II. wollte endgültig auf diese Politik verzichten und schlug Preußen gegenüber Bahnen ein, die im wesentlichen 75 Jahre hindurch das Verhältnis der beiden Mächte zueinander bestimmt haben. Bis es indessen von jenem ersten Schritt Leopolds, der nicht einmal seiner persönlichen Neigung entsprach und den Absichten des Fürsten Kaunitz geradezu entgegenlief, zu einer wirklichen Versöhnung kam, verging noch geraume Zeit. In Preußen stand man naturgemäß dieser plötzlichen Schwenkung der österreichischen Politik zunächst mit Mißtrauen gegenüber. Der König hätte es nach wie vor am liebsten zum Kriege kommen lassen. Während der Reichenbacher Verhandlungen im Sommer 1790, in denen Hertzberg nicht ohne Aussicht auf Erfolg sein Tauschprojekt doch noch durchzusetzen strebte, hat der König, durch die anscheinend endlosen Verhandlungen ungeduldig geworden — sie verursachten wegen der die ganze Zeit hindurch aufrechterhaltenen Kriegsbereitschaft eines großen Teiles der preußischen Armee immer größere Kosten, und die Türkei begann wegen des Tauschprojektes Verdacht zu schöpfen —, dadurch Schluß zu machen gesucht, daß er plötzlich wider Erwarten in Form eines Ultimatums für alle Teile den absoluten status quo verlangte. Auf diese entehrende Forderung, welche die blutigen Anstrengungen des Türkenkrieges um ihren Erfolg brachte und die Herausgabe des eroberten Belgrad einschloß, so hoffte er im Stillen, würde Österreich nicht eingehen. Leopold, der den Krieg um jeden Preis vermeiden wollte, ging aber doch darauf ein, und so kam der Friede zustande. Inzwischen aber sah man in Preußen keinen Anlaß, die Beziehungen zu den unzufriedenen Ungarn abzubrechen.

Die verspätete Nachgibigkeit und auch der Tod Josephs II. hatten die Unzufriedenen in Ungarn nicht mehr ganz aussöhnen können. Es bestand nach wie vor eine Revolutionspartei, ein Freiheitsbund zur Erringung der vollständigen Unabhängigkeit Ungarns. Und wenn auch der Nachfolger Josephs geduldet werden sollte, war man dennoch entschlossen, ihn zum Schattenkönig zu machen. Nach wie vor werden die Verbindungen mit Preußen gepflegt, und das Komitat Mármaros beschloß, einen Abgesandten zu Friedrich Wilhelm zu schicken [150]). Die Forderung, Preußen solle — entsprechend dem Wiener Vertrag von 1606 zwischen König Matthias II. und den ungarischen Ständen die ungarische Verfassung garantieren, wurde in Ofen und in Berlin zu einer gemeinsamen Basis als Mindestprogramm. Doch baten die Ungarn Friedrich Wilhelm II. jetzt, der veränderten Lage entsprechend, er möge zunächst keinen Fürsten für den ungarischen Thron empfehlen, damit diese Personenfrage kein Anlaß für etwaige Uneinigkeiten werde [151]). Damit war der König auch einverstanden, er wollte keinen Kandidaten nennen oder vorschlagen, er wünschte nur, daß die ungarische Nation keinen Österreicher wähle [152]).

Die Vorgänge in Ungarn schienen zum Teil diesem Wunsch zu entsprechen. Die Reaktion auf den Absolutismus Josephs hatte sein Nachfolger stark zu spüren. Man wollte nur noch die nach eigenen Gesetzen Gewählten in Ungarn als Behörden anerkennen und keineswegs die Anhänger des Wiener Hofes [153]). Die Aufstellung einer adligen Garde von Kronhütern wurde beschlossen. Paul von Bek ließ dem König von Preußen versichern, daß man nach wie vor auf seine Mithilfe rechne und auch England für die Unabhängigkeitsbestrebungen Ungarns gewinnen wolle. Zu diesem Zwecke wurde ein Beauftragter zu PITT nach London geschickt [154]), während die für die Beglaubigung dieses Emissärs bestimmten Chiffren — es ist die Zahl des laufenden Jahres 1790 in drei verschiedenen Umstellungen — durch den Berliner Hof und den Berliner englischen Gesandten Ewart der englischen Regierung übermittelt wurden. Die hiernach von den Ungarn geplante Verbindung mit PITT war von vornherein zur Fruchtlosigkeit verurteilt, denn Pitts Bestreben war es gerade, seinen Bundesgenossen vom Kriege gegen Österreich zurückzuhalten und eine Verschiebung der Machtverhältnisse möglichst zu verhindern — eine Politik, die durch den in den Reichenbacher Verhandlungen erzielten status quo von vollem Erfolge gekrönt zu sein schien, wenn sie auch bald danach in den Verhandlungen über die Teilung Polens völlig versagte. Dementsprechend äußerte sich auch Hertzberg, dem der König die Chiffren zur Weiterleitung an Ewart übersandte, er glaube nicht, daß das englische Ministerium sich mit der Angelegenheit befassen werde [155]).

Jacobis fortgesetzte Berichte über die kaiserfeindlichen Absichten der Unabhängigkeitspartei in Ungarn [156]) belebten die Hoffnungen, die Friedrich Wilhelm II. auf sie setzte, und veranlaßten ihn, sie ständig im Auge zu behalten und Jacobi entsprechende Aufträge zu erteilen. Um indessen keine zu großen Hoffnungen zu erwecken, schrieb Jacobi angesichts der friedfertigen Gesinnung Leopolds II. und seines Entgegenkommens gegenüber Ungarn beschwichtigend zurück, daß auch die erbitterten Ungarn unter diesen Umständen ruhig bleiben müßten und eine Revolution höchstens im Kriegsfalle zu erwarten wäre, wenn die preußischen Truppen in Ungarn eindringen würden [157]). Allerdings erhielt Jacobi von Bek auch die Nachricht, daß man in Ungarn eine Versöhnung Preußens mit Österreich kommen sehe und befürchte, daß in diesem Falle Hertzberg die Liste der Unzufriedenen in Ungarn, die mit Preußen verhandelten, dem österreichischen Gesandten in Berlin, Fürst von REUSS, zur Verfügung stellen und so diese Männer an den Wiener Hof verraten und dessen Rachegelüsten ausliefern würde [158]). Zur Beruhigung und Ermutigung der Unzufriedenen in Ungarn ließ ihnen deshalb Friedrich Wilhelm II. durch Jacobi mitteilen, daß er sich schon zum Einrücken vorbereite und seine Kavallerietruppen in Schlesien zusammengezogen habe [159]). Dieser Umstand und die Nachricht von dem Abschluß des Bündnisvertrages zwischen Preußen und der Türkei erweckte in der Unabhängigkeitspartei das sichere Gefühl, daß Ungarn nun schon befreit sei. Man sprach davon, daß die Erbfolge der Habsburger in Ungarn, die Geltung der Pragmatischen Sanktion, durch die umstürzlerischen Maßnahmen Josephs II. erloschen sei. Nationale Garden wurden aufgestellt, die von Joseph II. ernannten Beamten abgesetzt, seine Verordnungen auf dem Stadtplatze in Neutra öffentlich verbrannt und die Errichtung einer selbständigen ungarischen Armee gefordert. Allerdings verlangte man nach den Mitteilungen Beks an Jacobi ein baldiges Eingreifen Preußens, wenn nicht bei den Ungarn das Gefühl Wurzel fassen solle, daß sie nur ein Werkzeug der preußischen Politik gewesen seien [160]). Diese Befürchtung der Unzufriedenen, von Preußen verlassen zu werden, wurde durch falsche, absichtlich von der Regierung verbreitete Nachrichten von einer Abrüstung der preußischen Armee noch bestärkt, wenn auch die Opposition durch sie nicht zum Stillschweigen gebracht werden konnte [161]). Die weiteren ebenfalls von Wien aus geflissentlich verbreiteten Nachrichten über die Bestrebungen Leopolds II. nach einer Aussöhnung mit Friedrich Wilhelm II. wirkten entmutigend auf die Freiheitspartei. Es hatte den Anschein, daß es dem preußischen König mit dem Kriege gegen Wien nicht mehr ernst sei. Die Nachgibigkeit Leopolds II. und des Fürsten Kaunitz gegenüber Ungarn, die Abfassung preußischer Emissäre und die Auffindung von Briefen preußischer Minister bei vornehmen Ungarn, wovon Graf von Schlabrendorff an den König von Preußen zu berichten wußte [162]), der Vorwurf, daß die Ungarn undankbar gegen den neuen friedfertigen König seien, besonders dann aber die Reichenbacher Verhandlungen und der vorläufige Abschluß des Abkommens zwischen Wien und Berlin verfehlten nicht ihre Wirkung [163]). Friedrich Wilhelm II. ließ am 2. Juni den Ungarn mitteilen, daß sie auf ihn rechnen könnten, ihre Forderung einer Garantie durch Preußen sei ihm willkommen, und er werde bereits am 12. Juni an der Spitze seiner Armee an der schlesischen Grenze stehen [164]). Doch hatten die preußischen Manöver in Schlesien — so wurde die teilweise Mobilisierung des Heeres bezeichnet —, an denen auch der Herzog von Braunschweig und Karl August von Weimar in Begleitung Goethes teilnahmen, und wohin selbst der Fürst von Reuß eingeladen wurde, angesichts des Fortgangs der Reichenbacher Verhandlungen zunächst in der Hauptsache nur den Zweck, den preußischen Forderungen Nachdruck zu verleihen [165]).

Für den ungarischen Reichstag wurde inzwischen die mit Berlin vereinbarte Forderung einer preußischen Garantie für die ungarische Verfassung besonders von dem mittleren Adel vorbereitet, selbst für den Fall, daß der Plan, das Wahlkönigtum an die Stelle des erblichen zu setzen, nicht durchdringen sollte [166]).

Paul von Bek und seine Gesinnungsgenossen fanden bei der unteren Tafel durchaus Anklang mit dem Garantieplan, wenn auch die Reichenbacher Verhandlungen an dem aufrichtigen Willen Preußens Zweifel aufkommen ließen [167]. Von einer wirklichen offiziellen Forderung war man aber doch noch weit entfernt. Jacobi, der sogar die Annahme der Garantie durch Leopold II. für wahrscheinlich hielt, riet am 7. Juli dem König, bzw. dem Kabinettsministerium, d. h. Hertzberg, noch vor der Unterzeichnung der Präliminarien — es handelt sich um das polnische Austauschabkommen Hertzbergs, das, allerdings in verkleinertem Maßstabe, damals dicht vor dem Abschluß stand — die Erneuerung der alten Garantie von 1606 zu verlangen, mit der Begründung, man habe durch die öffentlichen Bekanntmachungen gehört, daß die Ungarn eine solche lebhaft wünschten [168]. Hertzberg schlug in einem Begleitschreiben, mit dem er Jacobis Depesche dem König übersandte, diesem für den Fall, daß die Verhandlungen noch nicht zum Abschluß kämen, und daß die Ungarn offiziell ein derartiges Verlangen stellten, auch wirklich vor, auch die Garantie der niederländischen und ungarischen Verfassung unter die preußischen Forderungen aufzunehmen [169]. Auf den Wunsch Friedrich Wilhelms II. mußte indessen damals Hertzberg die Verhandlungen über das Austauschprojekt für den Fall der geringsten Abänderungsforderung Österreichs — und diese war mit Gewißheit zu erwarten — abbrechen und den vollständigen status quo fordern. Die österreichischen Modifikationsvorschläge lieferten ihm, wie er selbst sagt, ein plausibles Motiv, um das ganze System der Verhandlung zu ändern und den strikten status quo als Ultimatum zu fordern [169a]. Falls, wie er hoffte, Österreich nicht darauf eingehen würde, so hatte er endlich die ersehnte Gelegenheit eines Krieges gegen Österreich unter voraussichtlicher Teilnahme Englands erreicht. Denn England, der einzige Staat, der ein tatsächliches Interesse an der Aufrechterhaltung des status quo hatte, wäre durch dessen Zurückweisung wahrscheinlich zu einer tatkräftigen Unterstützung des preußischen Verbündeten im Kriegsfalle bereit gewesen. — Friedrich Wilhelm hat anfangs daran gedacht, gleichzeitig mit dem status quo eben die ungarische Garantie zu fordern. Dies hätte die Ablehnung Österreichs und damit den Krieg noch wahrscheinlicher gemacht. Er ist dann aber doch vor den Vorstellungen seines Ministers zurückgewichen, nicht ohne jene Gereiztheit, die sich in seinem Verkehr mit Hertzberg öfter zeigt. Hertzberg hatte in einem Schreiben vom 11. Juli dem König gegenüber mit Recht darauf hingewiesen, daß die Forderung der ungarischen Garantie als conditio sine qua non den Krieg bedeute, daß aber England — im Gegensatz zu einer Forderung der Garantie in den Niederlanden — nicht für sie zu haben sein werde. Außerdem böte die Erneuerung des Vertrages von 1606 Leopold II. die Handhabe, seinerseits die Garantie der schlesischen Verfassung für sich in Anspruch zu nehmen [170]). Die Forderung der ungarischen Garantie war um so weniger in die Wege zu leiten, als man gar keine feste Handhabe dafür besaß. Denn eine dahingehende offizielle Forderung des ungarischen Reichstags war trotz aller Versprechungen Beks und seiner Partei noch immer nicht erfolgt und bei nüchterner Betrachtung der Lage auch so bald nicht zu erwarten. Später hat man nicht einmal die Forderung der Garantie in den Niederlanden, auf die man allerdings in Preußen weniger Wert legte, durchgesetzt [171]). Der König antwortete auf Hertzbergs Brief, er habe nie die Absicht gehabt, eine ungarische Garantie zu verlangen, bevor der offizielle Antrag der ungarischen Stände vorliege. Indessen hatte er selbst kurz zuvor Hertzberg den Auftrag gegeben, hierüber mit Reuß offiziell zu verhandeln [172]), woran ihn Hertzberg in einer Antwort vom selben Tage in berechtigtem Ärger erinnert. Des Königs gereizte Antwort hatte eben nur den Rückzug vor seinem Minister verdecken sollen. Eine Aufgabe der Garantiepläne bedeutete indessen dieser Rückzug zunächst noch nicht, nur mußte jetzt zuerst die offizielle Forderung der Ungarn vorliegen. In einem eigenhändigen Schreiben vom nächsten Tage, dem 13. Juli, hat der König noch einmal Jacobi gegenüber seine Erwartung ausgesprochen, daß diese offizielle Forderung alsbald gestellt werde, um dann in den Verhandlungen daran anknüpfen zu können [172a]). Sie ist indessen bis zum Abschluß der Verhandlungen nicht eingetroffen.

Leopold II. und seine Berater, die offiziell weder von preußischer noch von ungarischer Seite von der Garantieforderung in Kenntnis gesetzt worden waren, benahmen sich natürlich nach außen hin so, als hätten sie hiervon, wie von den preußisch-ungarischen Verbindungen überhaupt, keine Kenntnis. Unter der Hand taten sie alles, um die Hofpartei am ungarischen Landtag zu stärken.

Während Jacobi, der Politik seines Königs entsprechend, den ungarischen Standpunkt unterstützte, war sein Ministerkollege in Wien, Graf Podewils, österreichisch orientiert und verhielt sich wie Hertzberg den ungarischen Freiheitsbestrebungen gegenüber mehr als skeptisch. Er glaubt nicht, daß ein ungarischer Aufstand jemals möglich wäre; seiner Meinung nach hätte aber Ungarn auch gar nicht als unabhängiger Staat bestehen können, es hätte seiner Lage entsprechend sich entweder an die Türkei oder an Österreich anlehnen müssen, und das letztere sei immerhin vorzuziehen.

Die Ungewißheit und Mißtrauen erweckende Haltung der Berliner Regierung, die bis zuletzt selbst nicht wußte, ob Krieg oder Frieden sein werde, und die Nachrichten, daß sich Leopold II. nach dem Abschluß der Reichenbacher Konvention mit größerer Kraft den Verhältnissen in Ungarn zuwenden wolle, die er natürlich mißbilligte, verursachte nicht geringe Besorgnis bei den Anhängern der ungarischen Freiheitspartei, und Graf Franz Batthyány, der mit seinen Brüdern und dem Grafen Sztáray an ihrer Spitze stand, dachte wieder daran, einen Vertrauten nach Berlin zu entsenden, um endlich über die Gesinnung in Berlin und über die dortigen Absichten ein klares Bild zu erhalten [173]). Immer mehr verbreitete sich bei den Ungarn angesichts des Fortschreitens der Verhandlungen in Reichenbach die Überzeugung, daß Preußen sie verlasse [174]). Trotzdem war die Freiheitspartei bei der Abfassung der Vorschläge für den Text des Inauguraldiploms kraftvoll vorgegangen und hatte die Forderungen an den König recht scharf formuliert. Von der preußischen Garantie aber wurde bei den Verhandlungen nur mittelbar in der unglücklichen, für Preußen unannehmbaren Form der Erneuerung der Friedensbedingungen von 1606 gesprochen [175]). Auch dies kam jedoch — abgesehen davon, daß die Freiheitspartei sich der Hofpartei gegenüber schließlich doch nicht durchzusetzen vermochte — zu spät, um auf die Reichenbacher Verhandlungen noch einzuwirken. Am 29. Juli waren infolge des Eingehens Leopolds auf die preußischen Forderungen bereits die Präliminarien unterzeichnet. Hertzberg hatte, den kriegerischen Absichten des Königs zuliebe, auf sein Tauschprojekt verzichten müssen, und doch war der Krieg nunmehr vereitelt worden und obendrein der Garantieplan zunichte geworden. Niemals wäre der Zeitpunkt für einen Krieg so günstig für Preußen wie für Ungarn gewesen; übereinstimmend mit Jacobi berichtete auch der zur Ratifizierung des Bündnisvertrages mit der Türkei durch Ungarn nach Konstantinopel entsandte preußische Oberst Graf Lusi über die glänzende Position Preußens. Das Schicksal des Habsburger Reiches liege zurzeit in den Händen des preußischen Königs, und dieser hätte ganz Ungarn auf seiner Seite [176]). Die unglückliche Kreuzung der Absichten des Königs und seiner Berater mit denen Hertzbergs, die auch das Verhältnis zur Türkei und zu Polen getrübt hat, und die geschickte Diplomatie der Wiener Regierung haben es dahin gebracht, daß Preußen bei den Verhandlungen nichts weiter erreicht hat als den Ruhm, den Gegner um die Früchte des Türkenkrieges gebracht zu haben [176a]). Im Besitz der Abschriften von abgefangenen Berichten Jacobis hatte die Wiener Regierung bei den Gesandten von England und Holland

Vorstellungen gegen die preußischen Emissäre und deren Wühlarbeit in Ungarn, besonders aber gegen den Gesandten Jacobi, erhoben. Hertzberg, dem die Vertreter der beiden Seemächte diese Intervention des Fürsten Kaunitz vorlegten, machte hierüber Jacobi Vorwürfe, und zwar tat er dies um so lieber, als die vom König begünstigte preußische Einmischung in die ungarischen Verhältnisse seinen Ansichten nicht entsprach [177]. Angesichts der großen Geschicklichkeit der Österreicher, die Interzepte der Diplomaten zu dechiffrieren, verlangte nunmehr der preußische Gesandte die häufigere Übersendung neuer Chiffren [178].

Die ungarische Freiheitspartei hielt trotz allem zunächst fest an der Garantieforderung gegenüber der immer stärker werdenden höfischen Partei und besonders gegenüber der hohen Geistlichkeit, die in der Erneuerung des Vertrages von 1606 einen protestantischen Erfolg befürchtete; aber mit der Verbreitung der Nachricht von der Unterzeichnung des Konventionsvertrages, und als bekannt wurde, daß Preußen dabei nicht einmal auf der belgischen Garantie bestanden habe, wurde ihre Stellung bedenklich geschwächt [179]. Nun konnte die Wiener Regierung, die gerade aus Rücksicht auf das unzufriedene Ungarn die preußischen Forderungen angenommen hatte [180], schon entschiedener auftreten, um die Unzufriedenen einzuschüchtern. Oberst Graf Festetich wurde mit mehreren ungarischen Offizieren verhaftet und vor das Kriegsgericht gestellt, weil sie für die Forderungen der Nation eintraten, und 30 000 Mann österreichischen Militärs wurden nach Ungarn mobilisiert, da die Kriegsgefahr mit Preußen nunmehr geschwunden war; dazu wurde noch die Errichtung eines Militärlagers bei Pest geplant [181]. Trotzdem verhandelte man auf dem ungarischen Reichstag noch lange über die Garantieforderung, in kluger Weise ohne Nennung Preußens, aber darum nicht minder bestimmt. Jacobi hatte immer noch die sichere Hoffnung, daß sie ins Inauguraldiplom aufgenommen werden würde [182]. Der über alle diese Vorgänge wohlunterrichtete Wiener Hof manövrierte mit großer Geschicklichkeit. Er ließ durch Baron Spielmann die Nachricht verbreiten, anläßlich des Friedensschlusses habe Hertzberg die Namen der mit Preußen in Beziehung getretenen Ungarn verraten. Der Kanzler wurde damit betraut, gegen die Verdächtigen vorzugehen. Auf dem Reichstag hat man schließlich die Forderung der Garantie ganz fallen gelassen. Die durch die verschiedenen Verhaftungen eingeschüchterten Ungarn wurden Jacobi gegenüber vorsichtiger und wagten nicht mehr, ihn aufzusuchen. Jacobi selbst, von der Wiener Polizei umstellt, ungewiß ob seine Worte nicht gehört, seine chiffrierten Berichte nicht erbrochen und entziffert wurden, riet bereits am 28. Juli 1790 in einem Schreiben an Bischoffswerder zu größerer Vorsicht und weigerte sich, einen Brief Hompeschs, der ihm von Graf Lusi bei dessen Durchreise nach der Türkei übergeben worden war, weiterzuleiten wegen der Gefahr, daß es den Österreichern in die Hände fallen könne [184]. Ebenso riet er am 21. August davon ab, daß Hompesch seine geplante Reise nach Ungarn, durch die er seine Landsleute im Widerstand gegen Leopold bestärken wollte, unternehme, da dieser im Herbst 1790 ohnehin zu spät gekommen wäre, nachdem die Verhandlungen in Reichenbach abgeschlossen waren und somit der Garantieplan gegenstandslos wurde [185]. Denselben Rat wiederholte er in seinem zweiten Schreiben an Bischoffswerder vom 25. August 1790 [186]. Auch in Berlin selbst mußte man jetzt nach dem Abschluß der Verhandlungen aufrichtig ein gutes Einvernehmen mit dem österreichischen Hofe wünschen [187], um so mehr, als sich auch in Ungarn die Erregung allmählich immer mehr zu legen schien [188].

XI.
Der publizistische Kampf.

Nachdem Leopold II. sowohl der Türkei wie auch Preußen gegenüber freie Hand bekommen hatte, wurde sein Auftreten in Ungarn energischer. Den Wunsch des ungarischen Reichstags, daß er sogleich nach Ungarn fahren möge, lehnte er ab [189], er weigerte sich auch, vor seiner Abreise zur Kaiserwahl in Frankfurt die Unterschrift für das Inauguraldiplom zu geben [190], sodaß die Unzufriedenheit wieder sich zum Haß gegen den König steigerte [191] und Jacobi wieder melden konnte, daß Leopold II. im Kriegsfalle weder auf Ungarn, noch auf Galizien oder Belgien rechnen könne [192]. Er war zu keinem Zugeständnis für das Inauguraldiplom zu bewegen, und die Ungarn beschlossen, um etwas zu erreichen, noch einmal einen Beauftragten, den jungen Grafen KÁROLYI, zu Leopold nach Frankfurt zu entsenden [193]. Der Wiener Hof war höchst befriedigt über seine Erfolge, die er durch die bewährte Methode, Uneinigkeit zwischen die Unzufriedenen zu bringen, erreicht zu haben schien [194]. Man trat nun auch schärfer den preußischen Verbindungen der Unzufriedenen entgegen.

Die von der Regierung verbreitete Nachricht, Spielmann habe in Reichenbach in die Originale der Eingaben der ungarischen Magnaten an die preußische Regierung Einblick bekommen, und die Drohungen, daß gegen diese Rebellen der Prozeß angestrengt werden sollte, verbitterten die Stimmung [195]. Diese Gerüchte waren natürlich falsch, denn Preußen hätte durch eine Bekanntmachung der Verschwörer sich selbst kompromittiert. Und wie sehr der preußischen Regierung daran lag, daß seine Verbindungen mit Ungarn geheim blieben, zeigt sich zur Genüge in dem Kampf, der bald darauf um die Broschüre »Babel« entbrannt ist. Die Anschuldigungen gegen den ungarischen Reichstag und gegen den Berliner Hof riefen nämlich eine lange Reihe von Broschüren mit schärfsten Vorwürfen gegen Ungarn und Preußen hervor [196]). Eine Zipser Schrift weiß zu berichten, daß Leopold sich an dem ungarischen Adel jetzt rächen wolle, weil dieser sich mit Preußen verbündet habe. Andere Schriften sind unmittelbar von der Wiener Regierung veranlaßt. Das größte Aufsehen erregte das Erscheinen des Buches *Babel, Fragmente über die jetzigen politischen Angelegenheiten in Ungarn. Gedruckt im Römischen Reiche* 1790. 8°. 102 S. [197]). Der Verfasser war ALOYS HOFFMANN, Humanist, Freimaurer, Rosenkreuzer; Joseph II. hatte ihn auf den Vorschlag Van Swietens 1785 als Professor der deutschen Sprache an die Budapester Universität berufen, eine jener unruhigen josephinischen Gestalten, die ihre Wissenschaft nur nebenher betrieben, ihr wahres Element aber in der politischen Publizistik erblickten. Hoffmann hatte sich, wie Bretschneider, Grossing und Ähnliche, durch die Freimauerei und seine Denunziationen zum politischen Spion entwickelt und setzte diese seine Tätigkeit auch fort, als er Ungarn verlassen mußte und an die Wiener Universität berufen wurde. (S. Wurzbach, Biogr. Lexikon, IX. Bd., S. 162.) In dieser Schrift, die eine ganze Broschürenliteratur hervorrief, wird offen darauf hingewiesen, daß das preußische Ministerium bzw. Graf Hertzberg den Geist der Revolution in Ungarn geschürt und mit seiner Idee eines Fürsten- oder Staatenbundes das Unheil angerichtet habe. »Man begreift nicht«, heißt es da auf S. 35, »wie ein fremdes Ministerium dazu komme, sich in die inneren Angelegenheiten eines Landes zu mischen und sogar ansehnliche Summen aufzuopfern, um den Afterpatriotismus in eine immer verwegenere Thätigkeit zu setzen....« »Dieses Cabinet hat sich sehr eifrig angelegen seyn lassen, das Mißvergnügen im Lande seit Jahren her durch Geldversprechungen und Emissare aufs sorgfältigste zu unterhalten und immer mehr aufzuflammen.« (S. 37.) Heftig wird die ungarische Freiheitspartei angegriffen, und die Katholiken werden »aufgeklärt«, daß es besonders die Protestanten mit Preußen hielten, und daß nun vier protestantische Mächte in ein Bündnis eingetreten seien, zu dem sie nur noch die Türken zugelassen haben (S. 34): »Es war dieser afterpolitischen Parthey nicht genug, sich bloß im Lande Anhang zu machen, sondern sie hielt es für nöthig, sich von außen her sicher zu stellen.... sie trat in Unterhandlungen mit einem Kabinette, das seit einiger Zeit in den bewiesenen Rufe steht, jede Meuterey unruhiger Wirbelköpfe zu begünstigen, mißvergnügte Unterthanen gegen ihre Souveraine aufzuhetzen....« (S. 78): »Werkzeuge sind sie eines fremden Hofes . . . erkaufte Werkzeuge . . . vielmehr eines Ministers sind sie, der eine philosophische Ehre darinn sucht, guthmüthige Nationen unter sich zu entzweyen, ... der die tolle Idee einer Universal-Monarchie für seinen Principal in seinem Kopfe herum trägt.« (S. 76.) Die Schrift wendet sich ebenso gegen den ungarischen Adel und stellt sich auf den Standpunkt des Wiener Hofes. Der ungarische Reichstag baue unter dem Vorwand der Freiheit den Turm von Babel. Die Idee der Freiheit sei aber verderblich. Die Freiheit bedeute den Eigenwillen, sie bedeute, daß jeder tun könne, was er wolle. Dieses Wort müsse aus dem Wörterbuch einer jeden Nation gestrichen werden, weil es schwache Köpfe nur verwirre, Heißblütige aber zu Schwärmern und Narren mache. Wo Gesetze sind, da müsse auch Zwang sein, dort könne es daher keine Freiheit geben. Der ungarische Adel hat zwar für die gesetzliche Freiheit gekämpft, wird aber hier heftig angegriffen. Besonders wegen der neuen Auffassung, daß durch die ungesetzliche Regierung Josephs das erbliche Recht des österreichischen Hauses auf den ungarischen Thron verwirkt sei: Josephs Verhalten ist nach Ansicht des Verfassers richtig gewesen: er habe sich nicht krönen lassen, damit der Adel, der die Nation vertritt, nicht seine Sanktion erhalte, die Bürger und Bauern zu bedrücken. Überhaupt sei der Unterschied zwischen dem ungarischen Reichstag und der französischen Nationalversammlung der, daß der ungarische Adel nur für seine veralteten Vorrechte kämpfe, während in Frankreich die bürgerlichen Rechte wiederhergestellt werden. Die Schrift gibt der ungarischen Nation den Rat, sich im Geiste Stephans des Heiligen aus den Wirren herauszulösen, von den preußischen Machenschaften abzuwenden und sich der Wiener Regierung zu fügen.

Diese plumpe Söldlingsschrift erweckte sowohl in Ungarn wie in Preußen heftigen Widerspruch. Sogleich nach Erscheinen der Schmähschrift wurden durch Jacobi Maßnahmen ergriffen. Er machte wiederholt Vorstellungen bei Cobenzl. Er verlangte ein öffentliches Dementi und schrieb einen Entwurf für einen solchen Widerruf, der in der Wiener Zeitung erscheinen sollte [198]. Doch wollte die Wiener Regierung darauf nicht eingehen, obwohl Hertzberg auch auf diplomatischem Wege durch den österreichischen Gesandten in Berlin, Fürst Reuß, Protest erhob. Kaunitz jedoch, dem diese öffentlichen Anschuldigungen sehr gelegen kamen, schrieb an Reuß nach Berlin: »Es ist eine von den hundert Brochuren, welche seit denen hierlands ausgebrochenen Unruhen meistens aus auswärtigen oder geheimen Pressen geflossen sind. Da die hiesige Censur bisher noch immer fortfuhr, nach den unter voriger Regierung festgesetzten Grundsätzen vorzugehen, so wurde in Ansehung aller dieser Blätter der Grundsatz beobachtet, sich auf das Verbot ihrer öffentlichen Ankündigung zu beschränken; den Verkauf derselben aber im stillen geschehen zu lassen. Indem die Erfahrung voriger Zeiten gelehrt hat, daß ernstliche Verbote keine andere Wirkung haben, als dgl. elenden Skriblereien eine Celebrität und einen Reiz zu verschaffen, die zur Verbreitung und Wirkung des Giftes mehr als der eigene geringe Wert des Inhalts beitragen, wohingegen acht oder höchstens vierzehn Tage genüge sind, den Ruf und das Andenken derselben in Vergessenheit zu begraben, sobald man sie keiner öffentlichen Ahndung würdigt. Diese Betrachtung ist schon vor geraumer Zeit dem Freiherrn von Jacobi von Seite der Staatskanzlei gemacht und derselbe ersucht worden, die Brochure »Babel« genannt umsomehr ungerügt zu lassen, als der Verbot, nachdem dieses Werk, noch ehe das Ministerium selbes zu Gesicht bekam, schon aller Orten verbreitet worden war, unnütz sei; ein öffentliches Dementi aber die allgemeine Aufsichtigkeit darüber nur noch anregen würde, zumalen verschiedene Fakta in Betreff der Anbandlung sowohl der Insurgenten als einiger Ungarn mit fremden accreditirten Männern bekannt geworden und folglich der öffentliche Widerspruch nicht so vollständig und beruhigend, als es der Zweck erfordert, ausfallen könnte.

Sollte demnach von der genannten Skartek noch Erwähnung geschehen, so wird Ew. Liebden überlassen, von obigen Reflexionen auf die delikateste und freundschaftlichste Art Gebrauch zu machen und schließlich vorzustellen:

1° das eine öffentliche Ahndung der Brochüre, nachdem so viele gegen die eigene Landesregierung höchst anzügliche geduldet worden sind, nicht wohl thunlich und mit der ganzen bisherigen Censurverfassung unvereinbarlich wäre.

2° daß sie in diesem Augenblicke schon halb vergessen sei und in kurzem Niemand mehr daran denken werde; ein diesfälliger Eklat hingegen ihr einen neuen und wohl viel schädlicheren Umtrieb verschaffen würde . . . .« [199]).

Man fühlte sich jetzt in Wien nach außen hin gesichert. Kaunitz, der von jeher für einen energischen Ton gegen Berlin eingetreten war, wollte sich auch jetzt keine Zurückhaltung auferlegen. Charakteristisch für seine Ansichten ist ein Brief an Spielmann vom 6. Februar 1791, in dem es heißt: »Diesen unerträglichen Ton müssen wir absolute, coute que coute, dem Schurken (Hertzberg) und seinem Hofe abgewöhnen, durch eine coup sur coup anhaltende ernsthaftere und der Dignität einer großen Monarchie angemessene Sprache«[200]).

Jacobi war jedoch nicht zu beruhigen und schlug Hertzberg und seinem König energische Maßnahmen vor[201]), während sein Kollege Podewils die Sache ruhiger hinnahm. Da die Wiener Regierung kein Dementi bringen wollte, entwarf Jacobi einen für die Veröffentlichung in Berliner Zeitungen bestimmten Artikel von drei Folioseiten über den Gegenstand mit dem Schluß: ». . . . und ist selbige demnach hier in Berlin durch die Hand des Henkers öffentlich verbrennet worden.« — In Ungarn, wo der Reichstag das Recht der Zensur inzwischen an sich gerissen hatte, ließ dieser die Broschüre gleichfalls verbieten. Leopold aber hob das Verbot alsbald wieder auf, da er selbst das größte Interesse an der Verbreitung der Broschüre hatte und ohnehin zwecks Anfertigung von Propagandamaterial, das unter den ungarischen Bürgern und Bauern verbreitet werden sollte, mit Hoffmann in Verbindung stand[202]).

Hoffmann hat denn auch alsbald im Interesse des Wiener Hofes, ebenfalls anonym, eine Fortsetzung des *Babel* erscheinen lassen unter dem Titel *Ninive. Fortgesetzte Fragmente über die damaligen politischen Angelegenheiten in Ungarn. Nebst einer wichtigen Beylage. Auch im römischen Reich gedruckt.* 1790. 8°. 149 S. Die Schrift ist eine im heftigsten, rohen und rücksichtslosen Tone gehaltene Verhöhnung des ungarischen Reichstags und besonders des darin versammelten Adels, der Bauern und Bürger wie Sklaven behandle. Hier finden wir nicht mehr die ratgebende, väterliche Art des »Babel«, sondern den Ton der »Enthüllungen«, der die ungarischen Stände vor Europa, besonders vor der französischen Nationalversammlung, in Mißkredit bringen sollte, wo man die ungarischen Freiheitsbestrebungen bisher mit Sympathie verfolgt hatte. Als die Ausgeburt der Rückständigkeit und Roheit werden die ungarischen Stände dem Auslande hingestellt, denen das Corpus iuris Hungarici ebenso »das« Buch sei wie dem Türken der Koran. Zwar fehlen diesmal die Angriffe gegen Preußen, aber Jacobi sah sich doch veranlaßt, seiner Regierung von der Erregung zu berichten, die unter dem ungarischen Adel infolge dieser Schmähschrift herrsche, durch die der Wiener Hof seiner alten Politik des »divide et impera« entsprechend nun die Interessen des Adels von denen der Bürger und Bauern zu trennen suche[203]). Von den Antworten auf die Schmähschriften Hoffmanns hebt sich durch Witz und Gewandtheit die Broschüre des durch seine literarhistorischen Werke bekannten ALEXIUS HORÁNYI (1736—1806) hervor *(Eleutherii Pannonii mirabilia fata*, 1791), in der er unter dem Namen eines Johannes Pantophelius die Traumgeschichte des ungarischen Propheten Eleutherius in komischem Küchenlatein erzählt und den falschen Propheten verhöhnt, der als Jonas den Wienern vorlog, aus Babel und Ninive gekommen zu sein und über die Ungarn von Dingen schwatzte, die niemals geschehen seien und nie geschehen werden. In einer Gerichtsverhandlung läßt er die Prinzipien der Höflinge und der Ungarn auseinandersetzen und zugleich die politischen und wirtschaftlichen Gegensätze zwischen Österreich und Ungarn. — Der Dichter JOSEF GVADÁNYI hingegen ereifert sich in seinem satirisch-kritischen Poem über den Reichstag deshalb über den Professor Hoffmann, weil er von der ungarischen Verfassung nichts verstehe und, da er seinen Lehrstuhl verlor, Unsinn in Broschüren zusammenschreibe, für den er ins Irrenhaus gehöre. Die weiteren Antworten, wie *Anti-Ninive, An den Mauer-Meister des Babels* (1790. 14 S.) sind schwächere Erzeugnisse publizistischer Natur [204]).

In der Folge erschienen immer neue Angriffe der höfisch Gesinnten gegen Ungarn. Das größte Aufsehen machte das Buch: *Irrthümer in den Begriffen der meisten Ungarn von der Staatsverfassung ihres Vaterlandes und von den Rechten ihrer Könige. Gedruckt im Römischen Reiche.* 1790. Bisher hatte man den Staatsrat JOSEPH VON IZDENCZY für den Verfasser gehalten. Jedoch stammt die Schrift von JOSEPH GROSSING, dem ein Jahr älteren Bruder des Rosenorden-Meisters, einem Mann von ebenso zweideutigem Charakter, dessen Leben in den meisten Biographien mit dem seines Bruders irrtümlich identifiziert wird. Grossing war wie sein Bruder Exjesuit, kam aus Ungarn nach Wien und dann nach Graz, wo er 1830 im Alter von 80 Jahren starb. Unter seinen 16 gedruckten und mehreren ungedruckten Schriften gibt es medizinische, historische, linguistische und politische, die weniger leichtsinnig zusammengeschrieben sind als die seines Bruders. Daß die berüchtigte Schrift *Irrthümer* von Grossing stammt, zeigen die Akten. Es geht daraus hervor, daß er diese wie auch andere Schriften noch im Auftrage Josephs II. bzw. Izdenczys verfaßt hat. Schon im Frühjahr 1789 stand er als Publizist im Dienste des Hofes, wenn auch Joseph II. selbst von Leuten seiner Art nicht viel wissen wollte [205]). In einer Eingabe an Leopold II. vom 17. Februar 1791 führt Grossing die leitenden Ideen aus, die von Wolf bis zu Martini und Sonnenfels zugunsten des aufgeklärten Absolutismus vorgebracht wurden. Er fordert den Monarchen zur Modernisierung der ungarischen

Verfassung auf, die sowohl den gewandelten herrschenden Anschauungen als auch den Interessen der Dynastie dienen sollte. Er erinnert Leopold an das Beispiel zweier Vorfahren, Leopold I. und Joseph II., die die unbeschränkteste Souveränität übereilt aufzustellen suchten. »Allein«, heißt es in Grossings Zuschrift an den Kaiser, »anstatt, daß es durch eine ausgedehntere Zeit, und nur durch solche unmerkliche Stuffen hätte geschehen sollen, geschah es etwas übereilt, und es gebrach dem Einen an Haupt-Plan selbst, dem Anderem aber an der Art der Ausführung. Die in Bezug auf den Haupt-Plan unter Kaiser Leopold I.ten wegen der diesfälligen geheimen Konferenz mit dem Gesandten von Spanien und dem päbstlichen Nuntius geschehene Verrätherey führte sich der höchstselige Kaiser sehr zu Gemüth, da ich dieselbe in originali, als eine Ihm unbekannte Sache aus einem Privat-Ort zu ebenjener Zeit zurückbrachte, da es zur Bekanntmachung für die ungarische Gespanschaften und Domkapiteln ist bestimmet worden.« Grossing bietet also seine besonderen Dienste Leopold II. an: »Nur so jemand, der die Geseze, die Gebräuche, und die Sitten der ungarischen Nation in verschiedenen Perioden der Zeit, und unter verschiedenen Verbindungen der Umstände mit einander zu vergleichen, den Haupt-Plan zur unbeschränkten Souverainität nach der Denkungsart des Adels einzurichten, und die Ausführung mit den gegenwärtigen Beziehungen aller Klassen der Landesbewohner zu vereinbaren fähig ist, nur so jemand wird Euer Majestät diesfalls die ächten, und nicht die scheinbaren Dienste leisten können. Nur so jemand wird es auch entscheiden können, daß in einem Buche manche Zeile, die, dem ersten Anblick nach, sträflich scheint, von einer besseren Wirkung für den Allerhöchsten Hof seye, als tausend schönklingende Heucheleyen, welche bey einer ohnedies mißtrauischen Nation, die doch immer einige Männer hat, welche so etwas einsehen, selbst die unwidersprechlichsten Guthaben eines Monarchen verdächtig machen.« In der Folge leistete dieser Mann, dessen zweideutiger Charakter bekannt war, für den Hof Spionagedienste, bis schließlich der Staatsrat Izdenczy am 6. September 1791 Leopold II. nahe legte, daß dem »Taugenichts . . . . alle ferneren Behelligungen des höchsten Hofes, unter Bedrohung seiner Abschaffung von Wien, durch die hiesigen Oberpolizey-Direktion ernstgemäß untersagt werden soll.« Indessen erstrecken sich Grossings Nachrichten auch noch über den Rest des Jahres 1791. Grossing hatte sich auch erboten, weitere Bücher zu schreiben, so z. B. »Über das Recht der Nationen, sich wider ihre Landesfürsten zu empören«, worin er gegen diesen Punkt der ungarischen Verfassung das zu jener Zeit moderne Naturrecht geltend machen wollte.

Von den Antworten, die Grossings »Irrthümer in den Begriffen der meisten Ungarn« hervorgerufen haben, verdient besondere Erwähnung nur die von Graf ALOYS BATTHYÁNY verfaßte Schrift: *Tausend und ein Irrthum des Verfassers der ungarischen Irrthümer.*

XII.
Revolutionäre Gärung.

Der Broschürenkampf, besonders Schriften von Männern wie MARTINOVICS und TRENCK, verbreiteten die neuen Ideen der französischen Revolution. Mit Unterstützung der Freimaurerei wurden die heftigsten Angriffe gegen die bestehende Gesellschaftsordnung gerichtet. Die französische Sprache wurde in weiten Kreisen gepflegt, und der revolutionäre französische Einfluß verbreitete und vertiefte sich. Auch die Grossingschen Geheimberichte wissen von diesem Einfluß. — »Mein Freund von Ofen sagt mir, daß die sogen. Cluben oder heimliche Zusammenkünfte bey Baron ORCZY fleißig wider fortgehen. — Unsere Herren Conseillers, die sonst beste Ungarn sind, verlegen sich mit besonderem Fleiß auf die französische Sprache, wie z. B. der Statthalterey-Rath DARVASS, der Justizrath PETER BALLOGH, vielleicht, um allen Unsinn bey der französischen Constitution desto sicherer zu verstehen. — Peter Ballogh war unlängst in Wien. Bei seinen Ankommen eilte er sogleich zu seinem Collega H. v. Tihanyi, um mit ihm conferiren zu können. Bester H. Hofrath! bei uns ist es noch nicht ganz ruhig, Ich glaub, wir werden noch Schläge haben müssen . . .« »In Pest circulirt eine ungrische Lästerschrift auf die Religion im Geschmack Voltaires.« Es handelt sich um eine nach Rautenstrauchschem Muster geschriebene Broschüre des zugleich mit Martinovics hingerichteten Jacobiners JOHANN LACZKOVICS [206]).

Auch aus Kroatien weiß der Berichterstatter Grossings, der frühere Vizegespan ANTON RAFFAY, unter dem Namen Pierre von Zander über den Einfluß der Pariser Revolution ähnliches zu melden. Besonders die fanatisch patriotische Frau des bekannten Staatsmannes und Volkswirtes NIKOLAUS SKERLECZ und der Assessor bei der Agramer Distriktual-Tafel THADDAEUS BEDEKOVICH werden als Schürer der Unruhe genannt. Letzterer sagte öffentlich im Theater: »Es ist nichts über die gekrönten Spitzbuben.«

An diesen Bewegungen soll auch Jacobi selbst nicht unbeteiligt gewesen sein. Anton Raffay weiß von einem im Geheimen abgehaltenen »Landtag« zu berichten, an dem auch Kroatien durch den Agramer Vizegespan Skerlecz jun. und die bekannte Gattin des Obergespans

Nikolaus Skerlecz teilnahmen. Grossing berichtet dazu, daß Kabalen der Großen noch in größerem Maße im Spiel seien. »Vorgestern«, schreibt Grossing, »den 31.ten Julius 1791 nachmittags um 3 Uhr sagte ein hungarischer Baro Regni, ein geheimer Rath, und einer der wichtigsten Männer, in seinem Zimmer: Amice! Ardet Ucalegon. Non agitur jam, utrum Russus, Borussus, vel quiscunque demum Hungariam regat; agitur solum, ut Domus Austriaca non regat. Weiters: Ihr habt von dem Füreder Congreß, wo Jacobi präsidierte, nichts gewußt; und so wenig wisset Ihr, was jetzt im Lande vor sich geht [207].« Und Ignaz Anton Strohmayer weiß schon vorher zu erzählen: »Baron Trenck, hatte mit einem starcken Ungarn Nagy Vatthy, mit dem Gömörer 2ten Vice-Gespann Mariassy, so von Füred zurückgekommen und nach Losoncz gereiset ist, starcken Umgang u. Vertraulichkeit, lobte französ. Constitution u. bes. preußische Macht. Er zeigte sich ganz preußisch.«

Die von Maurus Jókai meisterhaft gezeichnete romanhafte Gestalt des abenteuerlichen Friedrich von der Trenck tritt hier wieder in Erscheinung. Er hatte sich an dem Broschürenkampf der Aufklärungsliteratur in Ungarn lebhaft beteiligt [207a], maß sich bei jeder Gelegenheit eine Rolle von europäischer Bedeutung an, hatte Anfang Dezember 1788 eine Audienz bei Friedrich Wilhelm II. und wollte auch bei dem Abschluß des Reichenbacher Abkommens eine wichtige Aufgabe gehabt haben [208]. Auf der anderen Seite stand er mit Mitgliedern der Pariser Assemblée Nationale in Verbindung. Möglicherweise hatte er schon bei jener Audienz in Berlin einen Auftrag für Ungarn erhalten. Jedenfalls erregte es in Wien Verdacht, daß er eine preußische Pension empfing. Nun trat er wieder in seiner großsprecherischen Art auf. Grossing berichtet in Wien am 26. August 1791 an Leopold II.: »Die hiesigen Postoffizianten pflegen gemeiniglich die lateinisch oder hungarisch betitelten Briefe, wo sie die Aufschrift nicht verstehen, dem hiesigen hungarischen Zeitungsschreiber Szatsvaj sammt den ihm zugeschriebenen Briefen zu übergeben. Heute fügte es sich, daß ihm auch der hierbey beiliegende Brief in die Hände kam. Der Baron Trenk brüstete sich in meiner Gegenwart schon mehrmalen damit, daß er in Ungarn Anhänger zu tausenden habe und es bloß in seiner Willkühr stehe, dem ganzen Land eine Wendung zu geben. Aus diesem Brief ist zu ersehen, daß ihm aus Ungarn Klagen eingeschickt werden, und von der Aufschrift dieses Briefes läßt sich schließen, daß der unwissende und obendrein gefährlichere Theil des Volkes sich an ihn wendet, wie auch, daß er diesen Leuten muß gesagt haben, daß er bey Euer Majestät in Gnaden stehe, wie es aus dem

Schluß dieses Briefes erhellet. Trenk hat überhaupt eine große Korrespondenz aus und nach Ungarn.«

Trenck hatte auch, obgleich er einen Revers unterschrieben hatte, nie mehr gegen die Wiener Regierung zu agitieren, eine revolutionäre Broschüre verbreitet und die französische Verfassung übersetzt. Daraufhin wurde Trenck wegen Majestätsbeleidigung und als preußischer Emissär auf Befehl des Prinzen Coburg in Ofen verhaftet und in schweren Ketten vor das Kriegsgericht gestellt, aber durch kaiserlichen Gnadenakt wieder freigelassen, ebenso Graf Festetich, der in seiner Opposition gegen Wien nunmehr so weit gegangen war, das Militär zur Gehorsamsverweigerung aufzufordern. Auch andere Anzeichen ließen erkennen, daß der revolutionierende Einfluß der französischen Ideen in die Armee eingedrungen war [209]). Trenck verließ alsbald nach seiner Freilassung das Habsburgerreich, wandte sich dann zunächst nach Hamburg und versuchte von hier aus noch einmal mit Friedrich Wilhelm II. in Verbindung zu treten; er reiste dann nach Frankreich und fand hier am 25. Juli 1794 durch Robespierre ein blutiges Ende [210]).

In den Kreis der zwischen Preußen und Ungarn tätigen politischen Agenten wünschte auch der frühere geheime Reichsreferendar bei der Kaiserl. Reichs-Hofkanzlei in Wien, Baron Karl von Las Solaye einzutreten. Joseph II. ließ ihn deshalb unter dem Verdacht, verräterische Berichte an den Königlich preußischen Hof geschickt und bei Getreidelieferungen unehrenhaft gehandelt zu haben, in der Festung Munkács gefangen setzen, und erst Leopold II. gab ihm nach fast drei Jahren die Freiheit auf die Befürwortung des Markgrafen von Baden. Jacobi, der schon früher mit ihm in Verbindung gestanden hatte, erhielt nun von ihm zahlreiche Mitteilungen über Leopold II. und empfahl ihn für preußische Dienste nach Berlin [211]). Las Solaye bemühte sich durch Minister Lucchesini bei dessen Anwesenheit in Wien, sodann — nachdem er Österreich verlassen hatte — in Regensburg durch Goertz eine Anstellung in Preußen zu erlangen. Friedrich Wilhelm II. wollte aber nunmehr nichts mehr mit dem kompromittierten Mann zu schaffen haben und ließ ihm als Gabe 2000 Thaler anweisen, ohne seine Dienste in Anspruch zu nehmen [212]).

Die revolutionäre Gärung in Ungarn ging nunmehr unter dem Einfluß der französischen Revolution weiter. Es war deshalb natürlich, daß Ungarn Sympathien für Frankreich, andrerseits Teilnahmslosigkeit an dem Koalitionskrieg zeigte und die Ideen der Revolution auch in die Armee eindrangen [213]). Man ging sogar so weit, den Grafen Almásy, der 20 Mann zum Kriegsdienste hatte stellen wollen, seiner Adelsrechte zu entkleiden und seine Güter für die Nation zu konfiszieren [214]. In seinem Bericht vom 21. Dezember 1793 spricht Lucchesini aus, daß sich hier die von Leopold in seiner Politik gegenüber Ungarn begangenen Fehler rächen. Das Jacobinertum verbreite sich unter dem Einfluß nach Ungarn entsandter französischer Emissäre [215]. Am 30. April 1794 meldet er wieder von der Arretierung französischer Agenten in Ungarn. Zu Ostern 1794 fand man am Marktplatz von Agram einen Freiheitsbaum aufgestellt und gelegentlich eines Maskenfestes die Emblême der französischen Freiheit und ein kleines Guillotine-Modell [216]. Diese ungarischen Freiheitsbestrebungen brachen sich Bahn in der eifrigen Teilnahme am polnischen Aufstand [217] und endeten mit der Verschwörung der Jacobiner des Martinovics [218].

Anmerkungen.

[1]) S. MARCZALI HENRIK: *Magyarország története II. József korában* III, S. 526.

[2]) S. MARCZALI a. a. O. III, 327.

[3]) WERTHEIMER EDE: *Magyarország és Frigyes Vilmos porosz király.* Budapesti Szemle 1902, S. 6.

[4]) MARCZALI a. a. O. III, 329.

[5]) Vgl. O. KRAUSKE: *Der Große Kurfürst und die protestantischen Ungarn.* Histor. Zschr. N. F. 22, S. 465—496. A. KIENAST: *König Friedrich II. von Preußen und die Ungarn bis zum Hubertusburger Frieden* 1763. Mitt. d. k. u. k. Kriegsarchivs, N. F. 1895, S. 195—315.

[6]) Vgl. über diesen SÖRÖS PONGRÁCZ: *Franyó Remig felségárulási pere* (Der Hochverratsprozeß des Remigius Franyó) in *Ért. a tört. tud. köréből*, XXII k., 7 sz., 1910, eine Arbeit, der auch die folgenden Angaben über Franyó entnommen sind.

[7]) Es hat in der Tat in den Kreisen der deutschen Reichsfürsten Pläne gegeben, Friedrich II. oder Friedrich Wilhelm II. zum römischen König zu wählen. Aber diese scheiterten gerade an der Weigerung der preußischen Könige, zum Katholizismus überzutreten. Vgl. RANKE: *Die deutschen Mächte und der Fürstenbund*, S. 155 ff.

[8]) Eine Abschrift des Briefes befindet sich unter K) bei Franyós Prozeßakten im Archiv des Komitates Komorn. Vgl. Sörös a. a. O. S. 9—12.

[9]) Ebd. unter L). S. Sörös S. 12.

[10]) Ebd. unter G). S. Sörös, S. 13.

[11]) Ebd. unter N.)

[12]) Ebd. unter B).

[13]) Ex litteris ad excellentissimum dominum comitem et episcopum Carolum Esterházy dimissis demonstro me has litteras non turbarum excitandarum causa ad magnates hos misisse, verum ut animum cogitationibus his perturbatum sopirem, mentem inquietam quieti traderem. S. Sörös a. a. O. S. 30.

[14]) Geh. Staatsarchiv Berlin, Ministerialkorrespondenz mit Podewils und Jacobi 1788, Bericht Podewils Nr. 20 vom 8. 3. 1788. Für die freundliche Hilfe bei der Heranziehung des Materials aus dem preußischen Staatsarchiv und seine treue Hilfe danke ich Herrn Dr. KONRAD SCHÜNEMANN auch an dieser Stelle.

[15]) Geh. St. Berlin, ebda., Antwort des Ministeriums vom 17. 3. 1788: . . . . Les mouvements de la noblesse de Hongrie et de Transilvanie ne sont pas non plus à négliger. Je sens bien qu'ils auront aucune suite, si les armes de l'Empereur processent, mais il pourroit en être autrement, si contre toute attente la chance venoit à tourner. Ce Prince (sc. Joseph) auroit tout à craindre alors d'une nation, qui après avoir rendu les services les plus signalés à la maison d'Autriche a reçu de son chef actuel de si grands sujets de mécontentement.

Berlin, le 17. Mars 1788. Finckenstein (contrasign.) Hertzberg.

[16]) Staatsarchiv, Weimar, D 1660, Abschrift eines Berichtes von Görtz an Friedrich Wilhelm II., als Anlage eines Schreibens an den Großherzog Karl August von Weimar (No. 108.)

[17]) Staatsarchiv, Weimar, D 1661. Beilage eines Schreibens an Karl August.

[18]) Weimar, D 1661: Précis de la conversation que l'Électeur (Mainz) a eue avec Helm son résident à Vienne. (August 1788), Abschnitt 2.

[19]) Wiener Staatsarchiv Pr. B. 4, No. 1, Vortrag des Hofkriegsrats vom 11. Okt. 1790: (Preußen gefährlicher Nachbar für Österreich. Denn ....) »Bereits im Jahre 1788 ließen Umstände es wahrnehmen, daß Eroberungen Österreichs über die Pforte vom preußischen Hof nicht gleichgültig werden angesehen werden.« Daher wurde vom Kriegsrat neben dem Türkenkrieg auch für einen eventuellen Krieg mit Preußen gerüstet.

[20]) Geh. St.-Arch. Berlin, Rep. 96, No. 154, Immediatcorr. mit Podewils u. Jacobi, No. 81, à Vienne, le 8 d'Octobre 1788 (In der Handschrift Podewils) » . . . La fermentation continue en général d'être fort grande dans ce pays-là. On craint ici qu'elle n'éclate, qu'il ne manque à cette nation pour lever l'étendard de la révolte, qu'un chef capable de conduire l'entreprise.«

[21]) Geh. St.-Arch. Berlin, ebd., Zettel Friedrich Wilhelms II. für Jacobi vom 14. 10. 1788.

Pour être chiffré et adressé à Jacobi à Vienne encore par la poste d'aujourd'hui, si faire ce peut. — D'après tout ce qui me revient de la façon de penser des Hongrois, tant par Vos rapports que par les conversations que j'ai eu avec Vous, je Vous demande après les notions que Vouz avez à ce sujet, s'il n'y seroit pas moyen de m'y faire sous mains des partisans dont je puisse profiter dans deux cas différents. Le premier seroit que si la Hongrie souhaite la garantie de sa constitution, me la demande(r) en menaçant d'ailleurs de se rendre indépendante, crainte qu'il faudroit tâcher d'inspirer à l'Empereur par quelques démarches non équivoques en demandant mon soutient et celui des Turcs, je pourrai (pourrois in der Abschrift) interposer une espèce de médiation en faisant garant de la constitution et (à) condition que l'Empereur me cède la Haute Silésie. — Une autre cas seroit, si l'Empereur venoit à mourir dans les conjunctures actuelles, il faudroit tâcher de trouver des moyens de rendre l'Hongrie indépendante, et qu'elle ne fit plus part à jamais des pays autrichiens. Ce sont mes idées que je mets ici sur le papier, j'attends à présent que Vous me mandiez, si et comment la chose seroit faisable.

Fr. Guillaume. (eigenhändig)

(Es folgt dasselbe mit berichtigter Orthographie abgeschrieben auf einem Foliobogen für die Chiffrierung.)

[22]) Geh. St.-Arch. Berlin, ebd. Schreiben Jacobis vom 22. 10. 1788.

[23]) Ebd. Rep. 96, No. 154 B, 1788, 17 vom 17. 11. 1788.

[24]) Geh. St.-Arch. Berlin, Rep. 96, Immediatkorr. mit Podewils und Jacobi aus Wien, 1789, No. 3, 10. 1. 1789:

» . . . Aussi la Hongrie seule doit-elle fournir 35 mille hommes de recrues dont il n'y en a qu'environ 12 mille destinés à l'augmentation des régiments nationaux, dont il a été fait mention précédemment. La livraison des fournitures pour l'armée rencontre aussi bien des difficultés dans ce royaume. D'après un tableau qu'on a présenté à l'Empereur des provisions qui y existent, il se trouve qu'il faut répartir une partie des livraisons à faire sur les autres états héréditaires, et comme ceux-ci n'ont pas de superflu, les embarras et mécontements des sujets de l'Empereur augmentent de jour en jour. Plusieurs riches seigneurs hongrois refusent de fournir des livraisons, à moins qu'on ne les paie comme celles des autres provinces, en papier portant intérêt. Jusqu'à présent les Hongrois ont été payés en papier sans intérêt.« -- (Über das Lieferungswesen unter Joseph II. vgl. auch die Vorschläge des Joseph Grossing an Leopold II. vom 14. 8. 1791).

No. 6, v. 21. 1. 1789: » ... qu'il se manifestent partout des maladies épidémiques parmi les troupes en Hongrie. . . . On écrit de Pest que les maladies épidémiques y enlevoient aussi beaucoup de monde des habitants de la ville.« Ähnlich in den Berichten No. 8 und 9 vom 28. u. 31. 1. 1789.

[25]) Wiener St.-Arch., Habsburgerkorr. 63, Joseph II. u. Graf Pergen. (v. 23. 7. 1788):

»J'ai vu, mon cher comte Pergen, par un intercepte de Jacobi que des Transilvains et des Hongrois, même des grands seigneurs, comme il les désigne, sans les nommer, lui avoient fait différentes propositions séditieuses tendantes à profiter de cette guerre. Ceci passe la plaisanterie et j'exige que sans regard pour personne vous mettiez au guet la police pour apprendre qui peuvent être des personnes semblables. Le comte Forgatsch m'est connu pour un fou, et qui vient encore de faire imprimer une pièce insolente. Tâchez de vous mettre sur les voies et donnez m'en nouvelle aussitôt. Je saurai desjà prendre mes mesures pour couper ce mal par la racine. Je vous écris ceci de main propre, pour que personne au monde hors nous deux en sachions (!) quelque chose. Adieu. Joseph. Semlin le 23 Juillet 1788.

[26]) Montesquieu: *L'esprit des lois* Liv. VIII, chap. 9. Über Montesquieu in Ungarn s. Baranyai: *E. Phil. K.* 1921. Über die Schrift des Grafen Forgách s. Ballagi Géza: *A politikai irodalom Magyarországon 1825 ig.* Budapest 1888, S. 257.

[27]) Graf Pergen erteilte auf das Schreiben des Kaisers folgende Antwort:

Votre Majesté,

on m'a bien rendu le billet que Votre Majesté a daigné m'écrire au sujet de la trahison noire qui se trame par quelques Transilvains et Hongrois, mêmes grands seigneurs; personne au monde en verra le contenu; mais comme d'après les ordres de V^{re} M^{é} et selon la nature de l'objet même dont il s'agit, je dois mettre la police au guet de ces malheureux, il est indispensablement nécessaire que je mette au fond du sujet de la recherche au moins le Directeur Beer, s'entend en termes généraux sans cependant compromettre la voie par laquelle V[re] Mj[é] a découvert ces trames séditieuses.

J'ai fait sans perdre un instant les dispositions secrettes pour éclaircir la matière et j'assure V[re] Mj[é] qu'aucun égard au monde peut ralenter (!) mon zèle.

Il sera difficile cependant de réussir entièrement puisque le Ministre en question n'est pas en ville et se trouve a Hiezing et qu'il est extrèmement circonspecte en pareil cas; d'ailleurs ces sortes de propositions se font la plus part de vive voix ou au moins sans risquer les noms par écrit de sorte qu'il y aura beaucoup de difficulté de s'emparer d'un papier authentique et convainquant.

Comme cependant la police a été assez heureuse d'éluder (les) précautions de ce ministre — dangereux à tous égards pour le service de V. M., ainsi que de celui de Suède dans un(e) affaire très épineuse, dont je suppose que le Sr. Cronfels a fait son rapport a Votre Majesté; j'espère toujours que la police me faira un rapport satisfaisant sur le sujet dont il s'agit à présent.

En attendant nous avons découvert un correspondant sécret du Baron Medniánsky, dont j'ai fait passer l'adresse au Sr. Cronfels; je suppose que par ce canal qu'il faut ménager avec beaucoup de délicatesse, pour ne pas gâter toutes les autres recherches, nous ferons des découvertes importantes, puisque plusieurs circonstances de cette correspondance rendent le Sr. Mednįánsky suspect d'être enveloppé dans ces intrigues et qu'on pourra en tirer des lumières sur les recherches ultérieures.

Je ne manquerai pas de rapporter a Vôtre Majesté tout ce qui parviendra à ma connoissance pour dissoudre un complot aussi séditieux qui pourroit avoir les suites les plus funestes; il seroit fort bon si Votre Majesté ordonnoit au Sr. Cronfels de communiquer quelques dates de temps en temps relatives à mes recherches, puisque celà les faciliterait beaucoup et qu'on gagneroit du temps.« Pergen.

Dazu eine eigenhändige Anmerkung Josephs II.:

»Vous ferez très bien de mettre le conseiller Beer au fait de même que ceux de la police qu'on devra employer à cela; je vous joins ici un billet en ordre ostensible pour Cronenfels afin qu'il vous seconde dans vos recherches. Adieu.«

Das angekündigte Billet ist nicht vorhanden.

[28]) S. Ed. Wertheimer: *Baron Hompesch und Joseph II.*, M. I. ö. G., 6. Erg.-Bd. (1901).

[29]) S. Wertheimer a. a. O.

30) Wiener St.-Arch., Habsburgerkorr., Sammelbände 63.

31) R. GRAGGER: *Ein deutscher Gil Blas in Ungarn.* Tört. Sz. 1912, S. 421—428.

32) WADZECK a. a. O.

33) Wiener St.-Arch., Ungarn Pr. B. fasc. 5, Grossingakten: »Mit Parnitzky setzte ich meine teils litterarische, teils moralische Correspondance fort bis zu meiner letzten Arretierung, ohne ihn jemals gesehen zu haben, weil dieser junge Mann ein außerordentlich heller, in Hungarn seltener Kopf und vortrefflicher Charakter sein muß.«

34) Staatsrat Izdenczy bemerkt dazu a. a. O.: »Grossing ist ein Plagiarius. Dieses Werk ist kein Produkt von ihm, sondern von dem verstorbenen Benzur, das selber Ihrer Majest. der Kaiserin Königin höchstseliges Gedächtniß unter dem erdichteten Namen Hieronymus Saxo übergeben hat, und dessen Manuscript in der kaiserlichen Bibliothek aufbewahrt wird.« Vgl. dazu auch BALLAGI GÉZA: *A politikai irodalom Magyarországon 1825ig*, Bp. 1888, S. 77 ff.

35) (FR. RUD. GROSSING): *Grundsätze des Roseninstituts.* Halle: Heller 1786.

36) Über ihn vgl. BAROS GYULA: *Kazinczy Ferencz és Radvánszky Teréz* = A Kisfaludy Társaság Évlapjai, Bd. XLII, 1908. S. 68—104. Grossings Angaben finden sich in seinen »Nachrichten über Hungarns gegenw. Angel.«, Wiener Staatsarch. Ungarn Pr. B. fasc. 5. Vgl. KUHÁRSZKY: *A rózsa-rend.* Budapesti Hirlap, 24. 12. 1911.

37) Vgl. VACZY JÁNOS: *Kazinczy Ferencz és kora*, Bp. 1915, I, 115. ECKHARDT SÁNDOR: *Magyar rózsakeresztesek*, Minerva 1, (1922), S. 208—223.

38) Vgl. WADZECK a. a. O.

39) *Damenjournal*, Red. v. FRANZ RUD. V. GROSSING. Halle: Heller, Jg. 1—2.

40) *Staatenjournal.* Red. v. FRANZ RUD. V. GROSSING. Nürnberg-Berlin 1787 ff. Fortges. v. H. Römer u. Renke, 1—14.

41) *Die Harmonie oder Grundplan zu einer besseren Erziehung des weiblichen Geschlechts; aus dem Englischen übers. v.* KARL REICHSGRAF VON F. (= Fugger). Reutlingen 1788.

42) Wiener Staatsarch. Ungarn, Pr. B. fasc. 5. Nr. 58. Polizeibericht vom 27. März 1790.

43) Vgl. FRANZ GRÄFFER: *Wiener Dosenstücke*, Wien 1846, I, 36.

44) WADZECK a. a. O. 320.

45) Vgl. die unten auf S. 34 angeführte Stelle aus GROSSINGS Schrift: *Über Ungarns gegenwärtige Angelegenheiten.*

46) Die im folgenden zitierten Dokumente befinden sich im Geh. St.-Arch. Berlin. Bereits Wadzeck hat sie benutzt.

47) Wiener St.-Arch. Ungarn, Pr. B., fasc. 5, Nr. 58. (Grossingakten.)

48) Ebd.; Bericht Pergens an Leopold II. vom 8. August 1790.

49) Graf NICOLAUS FORGÁCH (1767—1795), Obergespan, Förderer von Kunst und Wissenschaft, Führer der Opposition. Von Joseph II. als Narr dekretiert (vgl. oben, Anm. Nr. 25: Le comte Forgatsch m'est connu comme un fou . . .). Verfasser mehrerer politischer Schriften. S. SZINNYEI: *Magyar irók* 3, 638 f. Baron LORENZ ORCZY (1718—1789), Obergespan, hat sich im Siebenjährigen Kriege als General ausgezeichnet, spielt als Dichter in der ungarischen Literaturgeschichte eine Rolle. Joseph II. ist im Zweifel, welchen von seinen Söhnen Grossing an der auf S. 34 zitierten Stelle im Auge hat. Vgl. oben S. 24. Der von Grossing angegebene Name Stephan scheint auf einem Irrtum zu beruhen. Es kann sich nur um Joseph oder Ladislaus handeln. ABRAHAM BARCSAY (1742—1806), Oberst, ungarischer Leibgardist, gehörte zu derselben Dichterschule. Seine Gedichte wurden mit denen Orczys zusammen herausgegeben. GEORG BESSENYEI (1747—1811) war das Haupt dieser Dichterschule der Leibgardisten. Er trat am 15. August 1779 zum katholischen Glauben über.

[50]) In Wahrheit organisierte und leitete WÖLLNER bekanntlich vielmehr den Rosenkreuzerorden.

[51]) Es handelt sich hier um die von Wadzeck a. a. O. abgedruckten Dokumente über Grossings Familienverhältnisse etc. Wie aus Wadzecks Darstellung hervorgeht, sind diese Angaben seitens des Komorner Komitats in der Tat auf Ersuchen der preußischen Behörden gemacht worden.

[52]) Graf FRANZ SZÉCHÉNYI, der Gründer des Ungarischen Nationalmuseums, war in der Tat seit 1777 mit seiner Schwägerin, der Gräfin Juliane Festetics, verheiratet. Seine Schulbildung hatte er in Ödenburg und in Steinamanger, seit 1772 auf dem Theresianum in Wien erhalten (vgl. WILHELM FRAKNÓI: *Gróf Széchényi Ferencz*, Budapest 1902 = Magyar tört. életrajzok 18,2, S. 67 ff.) Daß er 1770 und 1771 in Tyrnau weilte, war bisher nicht bekannt; immerhin muß dahingestellt bleiben, ob Grossings Angabe der Wahrheit entspricht. Im Jahre 1787 weilte er zu Beginn seiner großen Reise in der Tat einige Zeit in Berlin, stattete hier der königlichen Familie Besuche ab und hat mit Friedrich Nicolai in literarischen Angelegenheiten verhandelt und korrespondiert. Über den Briefwechsel zwischen beiden gedenke ich an anderer Stelle Näheres mitzuteilen.

[53]) Vgl. im allgemeinen über die Beziehungen zwischen Preußen und dem Vatikan: L. v. RANKE, *Die deutschen Mächte und der Fürstenbund.*

[54]) IGNATZ NAGY (1733—1789), Doktor der Theologie, Bischof von Stuhlweißenburg seit 1777, Kanzler der Universität, veröffentlichte mehrere theologische Schriften. Vgl. SZINNYEI, *Magyar irók* 9, 587/88.

[55]) KARL GEORGE HEINRICH VON HOYM, Minister von Schlesien. Über ihn s. *Allg. Deutsche Biographie* 13, 219—225.

[56]) Wiener St.-Arch., Habsburger Korr., Sammelbände 63, Joseph II. und Graf Pergen.

[57]) Vgl. L. v. RANKE: *Die deutschen Mächte und der Fürstenbund* 147 ff.

[58]) Geh. St.-Arch. Berlin, Rep. 96. Immediatkorr. mit Jacobi und Podewils aus Wien, 1789, No. 14 b. vom 18. 2. 1789: »... On a arrêté ici un certain Baron de Humpesch de l'Empire, qui s'est rendu suspecté en Hongrie en tenant des propos et faisant une comparaison entre le règne doux et juste de V. M. et celui de l'Empereur qu'il a taxé de dure et despotique. Quelques Hongrois m'ont dit en confidence qu'il avait été soupçonné de vouloir former une cabale en Hongrie contre l'Empereur et d'être un émissaire prussien. La jalousie et la défiance vont ici loin actuellement contre la Prusse, de sorte qu'il est difficile de se procurer des notions sûres.« Es ist klar, daß Jacobi damit rechnet, daß sein Bericht österreichischerseits gelesen wird und er sich deshalb möglichst vorsichtig und unbefangen ausdrückt. Über Hompeschs Schicksale vgl. ED. WERTHEIMER: *Baron Hompesch und Joseph* II. M. I. ö. G. 6. Erg.-Bd., S. 649—681.

[59]) Geh. St.-Arch. Berlin, Immediatkorr. Aachen-Köln (Dohm). Nach zweimaligem Briefwechsel kommt die Antwort am 25. April 1788: daß »des Königs Majestät den Herrn von Hompesch schon durch des Herzogs von Weimar hochfürstliche Durchlaucht hatten wissen lassen, daß sein Gesuch nicht genehmigt werden könne.«

[60]) Weimarer St.-Arch. D. 1661. Goertz an Karl August, Regensburg, 5. 6. 1788: » . . . Nous sommes à la veille de grandes nouvelles de l'Hongrie. Les uns disent l'Empereur avoir passé la Sau, les autres Schabatz et Semlin pris par les Turcs.« Ähnlich am 26. 6. 1788: ». . . Les affaires en Hongrie vont toujours très mal. J'ai parlé à un homme venant de Semlin, qui dit qu'il n'y a pas de jours où les troupes autrichiennes n'ont pas des combats désavantageux et que tant par ces combats que par les maladies qu'y règnent, l'armée de l'Empereur a déjà perdu près de 40 mille hommes.« Vgl. auch oben, Anm. Nr. 16 ff.

[61]) »In Potsdam übergab ich Dero Schreiben dem Obrist Gensau.« Siehe S. 97.

[62]) »Aus den Gründen, die Sie mir gesagt hatten, befremdete mich dies ein wenig.« A. a. O.

[63]) »Ewrer Durchlaucht Befehl nachzukommen, schreibe ich den Erfolg meiner Reise . . . .« A. a. O.

[64]) Vgl. den Anfang des angeführten Schreibens von Hompesch. (S. 96): ». . . Ich übergab ihm den Brief . . .« Der Brief selbst befindet sich im Geh. St.-Arch. zu Berlin, Rep. XI, 279, Ungarn, fasc. 16: Acta betr. die Anträge eines Baron v. Hompesch in Ansehung der gegen das Haus Österreich mißvergnügten Ungarn. (Kopien dieser Akten befinden sich auch in den Berichten des Kabinetts-Ministeriums 1789, vol. II, Rep. 96, 147 D.):

»Monsieur mon très honoré Oncle.

Le porteur de celle-ci est le Baron de Hompesch, fils de l'ancien ministre palatin de ce nom, résident à Dusseldorp. Lui-même est établi en Hongrie, ayant servi autrefois dans le militaire Autrichien, et puis dans le civil. Il vient de quitter sa patrie adoptive après y avoir fait une partie de la campagne contre les Turcs. Ce cavalier, que j'ai l'honneur de connoître depuis quelque temps, désire se présenter à Votre Altesse Sérénissime. Elle sera peut-être intéressée d'en apprendre des nouvelles concernant le théatre actuel de la guerre. C'est avec la plus haute considération que j'ai l'honneur etc. . . . serviteur et neveu

Duc de Weimar. Weimar ce 26. Mars 1789.

[65]) Vgl. das angeführte Schreiben Hompeschs an Karl August.

[66]) Vgl. Anm. 62. Der Brief selbst befindet sich im Geh. St.-Arch. Berlin, Rep. XI, 279, Ungarn fasc. 16:

Monsieur,

Cette lettre sera remise à Vôtre Excellence par Mr. le Baron de Hompesch, d'une famille connue dans l'Empire et créé magnat du royaume d'Hongrie. Il voyage sous un nom étranger; c'est Mr. le Duc de Weimar qui m'a procuré sa connoissance: comme il a fait une partie de la dernière campagne en Hongrie, en qualité de volontaire, Votre Excellence sera peut-être bien aise d'apprendre par lui plusieurs détails intéressants, qu'il est prêt (?) à même de fournir. Je crois qu'un de ses désirs seroit d'obtenir par la protection du Roi l'ordre de l'Aigle blanc de Pologne que le Duc de Weimar doit avoir je pense déjà sollicité auprès de Sa M. pour lui. J'ai l'honneur, d'être . .

à Bronsvic ce 4 d'Avril 1789. Charles, Duc de Bronsvic.

[67]) Vgl. das Schreiben Hompeschs an Karl August, S. 97.

[68]) Geh. St.-Arch. Berlin, Rep. XI, 279, Ungarn, fasc. 16.

Monsieur.

J'expédie cette estaffette à Vôtre Excellence pour La prévenir, qu'un certain Baron de Hompesch domicilié en Hongrie, va arriver à Berlin, avec une lettre de ma part pour Votre Excellence; il m'a remis la lettre ci-jointe du Duc de Weimar. Son projet est de faire des propositions au Roi, de la part d'une partie considérable de la nation hongroise, pour secouer le joug de la maison d'Autriche. Il dit qu'il a été arrêté et détenu en prison à Vienne durant six semaines, mais qu'ayant eu le bonheur de sauver ses papiers, l'Empereur l'avoit fait relâcher. Comme par là il se trouve dépourvu des pièces propres à prouver la légitimité de sa mission, il s'offre de retourner lui-même en Hongrie pour les chercher ou bien de les faire adresser au Sr. Jacobi, duquel il parait cependant se défier. Il désire d'obtenir par la protection du roi l'ordre de l'aigle blanc de Pologne, et il prétend que le Duc de Weimar a déjà sollicité cette faveur pour lui auprès de S. M.

Je prends cet-homme pour une tête excessivement chaude, et j'ai peine à me garder du soupçon qu'il ne se laisse employer par le ministre de Vienne, pour sonder les sentiments de la cour de Berlin. Peut-être ma défiance est-elle outrée, mais Vôtre Excellence jugera en voyant le personnage de l'usage que l'on pourra faire de ses ouvertures. J'ai l'honneur d'être Charles.

Bronsvic ce 4 d'Avril 1789.

69) Ebd.

Au Roi. Le Duc de Bronsvic m'annonce dans la lettre ci-jointe en copie l'arrivée prochaine d'un Baron de Hompesch, fils de l'ancien ministre Palatin de ce nom, qui veut faire des propositions à V. M. d'une partie de la nation Hongroise, pour secouer le joug de la maison d'Autriche. Il avoue lui-même avoir été arrêté et ensuite relâché par l'Empereur, mais avoir perdu ses papiers, qui l'autorisent, et qu'il veut aller rechercher en Hongrie. Le Duc de Bronsvic soupçonne, non avec tort à ce qu'il me paroit, que cet homme, qui n'est pas Hongrois de nation, pourroit être un émissaire de la Cour de Vienne, détaché pour approfondir les intentions de V. M. Je crois qu'en général V. M. ne voudra pas écouter les gens de cette sorte aussi longtemps qu'Elle est en paix avec la Cour de Vienne. J'attends donc les ordres de V. M., si je dois renvoyer ce Baron de Hompesch avec ses propositions, et même avec celle de lui procurer les marques de l'ordre de Pologne.

Berlin le 8 d'Avril 1789. Hertzberg.

70) Ebd.

Le Br. de Hompesch, dont Vous m'avez écrit, veut aller à Berlin et Vous parler; je Vous conseille que sans le rebuter tout à fait Vous l'écoutiez en lui faisant sentir que le moment ne soit point encore venu de profiter de ses offres, qui ne pouvoient être acceptés qu'en cas de guerre ou à la mort de l'Empereur, sans montrer trop de confiance à cet homme, puisqu'il peut être double. Il faut cependant le menager pour en tirer partie dans l'occasion au cas que l'on put compter sur lui. Il faudra aussi lui conseiller de ne pas trop s'arrêter à Berlin, où il pourroit être observé et ne donneroit que des soupçons. Fr. Guillaume.

10. Avril 1789. verte !

(Auf der Rückseite befindet sich die unter No. 83 abgedruckte Nachschrift.)

71) Vgl. Hompeschs Schreiben an Karl August.

72) Vgl. WERTHEIMER a. a. O. S. 664. Über FEKETE vgl. auch G. MORVAY: *Galánthai gróf Fekete János* (1741—1803) Magyar történeti életrajzok XIX, 2—3, Bp. 1903. Seine persönlichen Anschauungen erkennt man aus seiner ganz im Sinne der josephinischen Aufklärung gehaltenen geistreichen Broschüre: *Wien im Jahre* 1787, von der 1921 in deutscher Übersetzung ein Neudruck im Rikola-Verlag erschienen ist.

73) Vgl. Hompeschs Schreiben an Karl August.

74) Geh. St.-Arch. Berlin, Rep. XI, 279, Ungarn, fasc. 16. Konzept.

Au Roi.

En conséquence des ordres de V.M. du 10 j'ai eu hier au soir une longue conversation avec le B. de Hompesch. Il m'a fait un précis prolixe de l'opposition extrème des Hongrois, de leur grand mécontentement et de leur désir de secouer le joug de la maison d'Autriche. Il prétend être autorisé par le gros de la Nation et par les principaux magnats de réclamer la protection de V. M. Il voudroit, que V. M. envoye un homme affidé en Hongrie, qui s'assûre de ses assertions, parce que ayant été arrêté à Vienne, il s'étoit défait de ses pièces justificatives, et qu'Elle prenne ensuite des mesures tant pour Elle-même, que par un concert avec la Porte Ottomanne, pour assister et pour protéger les Hongrois, qui étoient prêts à se révolter contre leur domination présente [et ne souhaitoient pas mieux que de s'élire un Roi d'une des maisons d'Angleterre ou de Prusse] ([] am Rande nachgetragen). J'ai tâché de faire comprendre au B. de Hompesch que V. M. ne pouvoit rien faire de tout cela sans se compromettre Elle et les Hongrois, (am Rande) aussi longtemps qu'Elle étoit en paix avec l'Empereur et avec la Cour de Vienne; que dans le cas d'une guerre, qu'on ne pouvoit pas prévoir, tout celà se trouveroit de soi-même et que V. M. feroit alors sans aucun arrangement préalable tout ce que les circonstances exigeroient. Le B. de Hompesch m'a voulu beaucoup faire valoir, que le Roi de Prusse comme souverain de la Silésie, étoit garant par un Traité de Vienne fait du temps de Ragozi de la Constitution de la Hongrie, mais tout cela est erroné; il n'existe aucun traité pareil, ni aucune garantie de l'Hongrie pour les Rois de Prusse et les Etats de Silésie. Je ne crois pas que le B. de Hompesch soit double Emissaire; mais il y a de l'avanture dans son fait, [ce que le Sr Ewart a découvert encore davantage] (am Rande). Ce n'est pas un homme sûr [il est brouillé avec son père le Ministre Palatin] (am Rande nachgetragen); il n'est sûrement pas autorisé par les Magnats de Hongrie et on ne sauroit entrer en rien avec lui, sans se compromettre beaucoup. Je lui ai donc conseillé très fortement, de laisser tomber cette affaire [pour le moment] (nachgetragen), de garder un incognito parfait, et de quitter bientôt Berlin, ce qu'il m'a aussi promis de faire demain après avoir parlé encore à Mr. de Bischofswerder. Le B. de Hompesch m'a encore fortement sollicité, que V. M. lui procure l'ordre de l'aigle blanc de Pologne, mais je l'ai décliné entièrement, en lui faisant sentir que Votre Majesté n'étoit pas dans les termes avec le Roi de Pologne pour lui demander des faveurs; que si même il pouvoit l'obtenir par V. M., celà accréditeroit le soupçon de l'Empereur, qui l'avoit fait arrêter comme suspect de travailler à une rebellion. [Je crois avoir ainsi satisfait aux ordres et aux intentions de V. M., et devoir Lui dire en même temps] (am Rande statt: Je crois ne devoir pas laisser ignorer à V. M.) à cette occasion, que le C. de Bernstorff a déjà fait entendre à quelqu'un, que l'Empereur prétendoit savoir, que le Ministre d'Etat C. de Hoym envoyoit secrètement des émissaires en Hongrie et tâchoit d'y entretenir l'esprit de revolte, ce qui avoit extrémement irrité ce Prince.

Berlin le 12 Avril 1789. Hertzberg.

75) Vgl. Hompeschs Schreiben an Karl August.

76) Vgl. unten S. 99.

77) Weimar, Geh. Haupt- und St.-Arch., D 1662.

»Durchlauchtigster Herzog! Gnädiger Herr!

Ewrer Durchlaucht Befehl nachzukommen, schreibe ich Ihnen den Erfolg meiner Reise, als ich von Weimar abging. Ich nahm die Routte über Weißensee, Sondershausen, Nordhausen, durch den Harz über Hohen Geist und Hartzburg, und gelangte den vierten Tag nach Ohren, ein Dorff bey Wolfenbüttel. Dort ließ ich meine Equipage und Bedienten, und gieng noch den nemlichen Tag nach Braunsweig, wo ich vier Tage auf die Ankunft des Herzogs warten mußte: ich übergab ihm den Brief, schprach mit ihm, und er schien mir zwar überrascht, doch von der Wichtigkeit meiner Nachrichten nicht allein überzeugt, sondern auch sich für ihre augenblickliche Benutzung recht warm zu interressiren. Wiewohl er mich zugleich avertirte, er wüßt, daß der Plan, sich für den jetzigen Sommer blos leidend zu verhalten, bereits entworfen seye; es könne aber gar wohl seyn, daß meine Nachrichten hierinn eine Aendrung bewürken würden. Er verlangte, ich sollte einen Brief von ihm an den Minister Graf Herzberg mitnehmen;

aus den Gründen, die Sie mir gesagt hatten, befremdete mich dies ein wenig; doch wollt ich nicht widerschprechen und reiste mit diesem Brief fort. in Potzdam übergab ich Dero Schreiben dem Obrist Genssau, er schprach mit seiner Majestät dem König, und verbot mir anfangs in seinem Namen, der Sicherheit wegen, nach Berlin zu gehen und dem Minister Herzberg meinen Brief abzugeben, wiese mich zugleich zur ferneren Unterhandlung an den Obrist Bischofswerder. Dieser sagte mir viel Verbindliches im Namen des Königs, welcher zugleich der Nation für ihr Zutrauen danken ließ etz. — und mir zugleich sagte, des Königs Wille seye, daß ich doch nach Berlin gienge, mit dem englischen Minister Ewart und mit Herzberg communiciere, welchen letzteren seine Majestät über meine Ankunft selbst eigenhändig würklich schon prevenirt hätten. Auch gab Bischofswerder mir einen Brief an Ewart mit. In Berlin fand ich an Ewart einen feurigen und sehr tätigen Mann, der alles, was ich ihm sagte, vollkommen gouttirte, mir aber zugleich rieth, nicht auf die augenblickliche Ausführung meines Plans zu dringen. Er machte mich abends um 10 Uhr heimlich mit Herzberg schprechen: letzterer bekräftigte vom König wegen meiner ein Schreiben erhalten zu haben, fragte mich sehr aus, war aber voll von Difficultäten und Beschwernüssen — dies machte auch, daß ich blos mit ihm in generalibus blieb. Ich gieng nach Potsdam zurück, und hatte da noch einige Unterredungen mit Bischofswerder. Er sagte mir, Seine Majestät der König hätten gewunschen, mich selbst zu schprechen, allein theils der Todesfall, theils Sicherheit engagierten ihn, mich zu bitten, dies bis auf die Zusammenkunft in Hannover zu verschieben. Er gab mir im Namen des Königs feyerlich das königliche Wort, alle diejenigen meiner mitverbundenen Freunden, die ich ihm bekannt machen wolle, auf ewig und in jedem Fall zu verschweigen / : ich hatte dies ausdrücklich begehrt, indem ich wohl ein Recht habe, meinen eigenen — nicht aber den Kopf anderer zu wagen : /. Darauf gab ich an Bischofswerder einige nötige renseignements, und übergab ihm zugleich ein Schreiben an demjenigen, der meine Papiere hat; dies Schreiben wurde durch einen Courrier dem preuß. Gesandten (Jacobi) geschickt, um es in gehörige Hände gelangen zu machen, und meine Papiere durch den nemlichen Weeg nach Potsdam zu schicken; wo ich sodann berufen werde. Meine Adresse habe ich an Bischofswerder gegeben, und er mir die seinige, da der König wünscht, daß ich mit ersterem in Correspondenz bleibe. Übrigens hat man die Art meines Plans und Ausführung ganz begnehmicht bis auf die Zeit der Ausführung. Was den Orden für mich betrift, so will man zwar ihn mir verschafen, doch wünscht man es durch einem medium terminum zu thun, da solchen grade zu begehren, meine jetzigen Verbindungen mit dem preußischen Hofe allzu bekannt machen würde. Deswegen glaubte man, daß es gut seye, wenn ein andrer Hof den preußischen erst darum ersuchte: doch wollte Bischofswerder Ewrer Durchlaucht darüber schreiben. Der Erfüllung dieses Wunsches seh ich sehnlicher als jemals entgegen, da dies jedermann im bewußten Lande außerordentlich beruhigen würde, ohne niemand zu compromittiren, und besonders nach meiner letzten Geschichte (d. h. seine Arretierung in Wien), welche mehr als ich glaubte im publicum transpirirt hat. Ueberhaupt aber von der Laage der Dinge, wie ich sie einsehe, zu reden, so scheint es mir ganz ausgemacht, daß, hätte ich drey Monat früher nach Potzdam kommen können, die Nachrichten und Aussichten, die ich brachte, vermutlich die Ungewißheit, worinn man damals noch war, zum Krieg bestimmt hätten. Jetz aber sucht man zwar diese Nachrichten zu benutzen, doch aber sich noch eine Zeit en mesure zu erhalten, um durch die sogenannte Friedensmeditation sowohl die Türken fortleiten zu können, als Spanien /: so lang als es gehen wird :/ zu hindern, theilzunehmen, und also die feindliche Macht durch sich selbst noch mehr schwächen zu lassen, eh man selbst thätig erscheint. Gebe Gott, daß nur die allzuängstliche geometrische Gewißheit, mit welcher Herzberg jeden Gegenstand auszirkeln will, den günstigen Augenblick nicht vorüber schwinden lasse, den ein Mann von wahrem Genie sich mit dem thätigsten Feuer eigen gemacht haben würde, und — daß eine der edelsten Nationen noch möge gerettet werden, — durch denjenigen Fürsten möge gerettet werden, den meine aufrichtige Hochachtung für ihn dieser Nation wünscht — den sie selbst verlangt, den man auch in Potsdam dazu von selbst erkiesen würde — und für welchen meine innigste wahre Verehrung nur mit meiner Liebe zu jener Nation verglichen werden kann.

Hier haben Sie gnädiger Herr, einen treuen Rapport dieser meiner ganzen Reise. Ich hätte ihn Ewrer Durchlaucht früher zugeschickt, wenn die Unsicherheit der poste mich in einer so wichtigen Sache nicht abgehalten hätte. Diesen Brief übergebe ich aus dieser Ursach selbsten dem preußischen Minister Herrn von Dohm in Achen. Diese Stadt ist nur sechs Meilen von meines Vaters Schloß entfernt; dort wohne ich itz mit meinem Vater und bin ohngefehr mit ihm ausgesöhnt. Ansonsten ist aber meine Laage in der Ungewißheit äußerst ohnangenehm. Ich schmeichle mir, daß Ewre Durchlaucht mir all dasjenige was auf das bewußte Geschäft, und meine Laage Einfluß hat — ehestens schreiben werden. — Die Briefe und Befehle Ewrer Durchlaucht bitte ich, entweder unter der bewußten Adresse des Banquiers in Düsseldorf, oder unter derjenigen meines Vaters in Bollheim per Cologne-Düren, oder was das sicherste und beste wäre — unter Einschluß an den preußischen Minister Dohm in Achen über Wesel an mich gelangen zu lassen. Ich habe die Ehre, mit wahrer ohnbegrenzter Achtung, warmer, feuriger Anhänglichkeit und schuldiger Ehrfurcht zu sein, Gnädiger Herr! Eurer Durchlaucht gehorsamst ergebener Diener

(Hompesch) unleserlich.

Schloß Bollheim, den 10ten Mai 1789.

78) Weimar. St.-Arch. D 1663.

»Spa den 30ten August 1789.

Durchlauchtigster Herzog, Gnädiger Herr!

Ueberbringer dieses, einer unsrer mitverbundenen Landesleuten, ist von Seiten der Nation abgeschickt worden, um mir Nachrichten aus Ungarn zu überbringen, und von mir welche zu vernehmen. Da er bey der ungarischen Statthalterey angestellt ist, und blos einen Urlaub von 3 Wochen erhalten konnte, so hat er seine Reise äußerst schleunig betreiben müssen, und ist also erst den 21ten August von Ofen abgereist; er ist daher im Stande, die neuesten und zugleich zuverlässigsten Nachrichten aus diesem Lande mitzutheilen. Da dies, wie ich vermuthe, Ewrer Durchlaucht interessant sein kann, so habe ich die Freiheit genommen, ihn durch dieses Schreiben Ew. Durchlaucht bekannt zu machen, der ich zugleich für seinen Charakter vollkommen stehe!

Ich habe Ewrer Durchlaucht Antwort vom 29 Juni richtig erhalten, der bewußte Kanal kann auch in Zukunft dienen, wenn Sie mich weiterhin mit ihren Befehlen beehren. Seit dieser Zeit habe ich noch einige Schreiben vom Obrist B—er bekommen, die unsre Hoffnungen völlig beleben. Mehreres wird mein Freund, wenn es Ewre Durchlaucht für gut befinden, Ihnen mündlich sagen. Erlauben Ewre Durchlaucht noch, die Empfindungen der vollkommensten Hochachtung und warmen, treuen Anhänglichkeit für Sie, gnädiger Herr, hinzuzusetzen von Seiten Dero

treu ergebensten Hompesch.«

79) Geh. St.-Arch. Berlin, Rep. 96, Immediatkorrespondenz Aachen-Köln (Dohm). Beigegeben dem Berichte Dohms vom 24. 12. 1789.

Bollheim près de Duren, ce 22 Déc. 1789.

Sire! Mon fils aîné, qui de sa jeunesse s'est voué à la carrière militaire et qui a servi pendant douze ans Sa Majesté l'empereur avec l'approbation de ses chefs, vient de me déclarer l'ambition qu'il a de sacrifier ses talents et sa vie au service de Votre Majesté. Cette ambition est trop conforme à mes désirs et aux sentiments de toute sa famille, pour que je ne joigne pas mes très humbles instances aux siennes, et me jette aux pieds de Votre Majesté en la suppliant de placer mon susdit fils comme officier d'État Major de cavallerie dans son armée. . . .

Baron de Hompesch, ministre d'état de l'Électeur Palatin de Bavière.

Als bis zum 5. Februar 1790 noch keine Antwort eingelaufen war, verwandte sich Dohm noch einmal in dieser Angelegenheit in einem besonderen Schreiben an den Kabinettsrat de Laspeyres. Geh. St.-Arch. Berlin a. a. O.

80) Gustav Roethe: *Aus Goethes Campagne in Frankreich* 1792. Eine philologische Untersuchung aus dem Weltkriege. Berlin 1919, S. 85.

80a) Wertheimer a. a. O.

81) Geh. St.-Arch. Berlin, Rep. 96, 147 J. Bericht des Kabinettsministeriums an den König vom 6. März 1794: Dans une lettre particulière que le Baron de Jacobi nous a écrite fort à la hâte après l'expédition de ses dépêches du 25. février, il nous mande . . . (Revolution in Holland.) Une autre particularité dont le Sieur Jacobi fait mention, est que le Major Comte de Hompesch, attaché à l'armée de Votre Majesté et se trouvant actuellement à Londres, y est entré en négociation pour lever un Corps de trouppes à la solde de l'Angleterre. Comme nous ignorons, si Votre Majesté est informée de cette entreprise, nous avons crû de notre devoir de Lui en faire notre très humble rapport. Berlin le 6. Mars 1744. Finckenstein, Alvensleben, Haugwiz.

Dazu: Rep. 96, 151 C. Berichte Jacobis aus London 1796 No. 9 vom 29. 1. 1796: Ce corps ainsi que le régiment des houssards du colonel Hompesch est destiné pour les Indes occidentales et nommément pour S. Domingue.

82) Vgl. Wertheimer a. a. O.

83) Auf der Rückseite des unter Nr. 70 zitierten Briefes heißt es:

P. S. Il me vient en idée que la veuve du dernier roi d'Hongrie étoit une princesse de la Maison (sc. de Brandebourg) — bien des Hongrois en ont parlé à Jacobi et en insérant que la Maison de Brandebourg n'est pas même sans prétentions à cet égard, prétentions que les électeurs d'alors n'étoient nullement en état de faire valoir vis à vis de l'Empereur. Je désirerais que Vous recherchiez avec beaucoup de mystère, si cette prétention est bien valable. Je ne veux pas devenir roi d'Hongrie, mais il est nécessaire d'être bien informé, jusqu'où ces prétentions sont fondées; cela fournira toujours un titre de se mêler des affaires d'Hongrie et de relever cette prétention en cas de guerre ou à la mort de l'empereur et surtout de détacher cet important royaume de la succession autrichienne.

84) Geh. St.-Arch. Berlin Rep. XI, 279, Ungarn fasc. 16. Dasselbe auch Rep. 96, 147 D.

Au Roi.

V. M. m'ayant aussi chargé par le P. S. du 10. de faire des recherches secrètes touchant une prétention de la maison de Brandebourg sur l'Hongrie, dont les Hongrois avoient parlé au Sr. de Jacobi, et qui devoit venir d'une Princesse de Brandebourg veuve du dernier Roi de Hongrie, je n'ai pas eu besoin de faire des recherches mystérieuses là-dessus. Je sais ces sortes de choses par cœur et j'ai déjà relevé cette prétention envers la Cour de Vienne lors de la contestation et de la guerre sur la succession de Bavière, en faisant voir par la table généalogique ci-jointe que j'ajoutois à mon Exposé des motifs du Roi pour s'opposer au démembrement de la Bavière, que la pretention que l'Empereur faisoit alors sur la Basse Bavière, si elle pouvoit être valable au préjudice de la ligne masculaine de Bavière ou Palatine, elle appartenoit non à la maison d'Autriche, mais à celle de Brandebourg, et s'étendoit aux Royaumes de Hongrie et de Bohème. Il y a une erreur dans l'opinion des Hongrois et du Sr de Jacobi. Aucune Princesse de Brandebourg n'a épousé un Roi de Hongrie, et même une paraille princesse étrangère n'auroit pas pû transférer la succession de Hongrie dans la maison de Brandebourg; mais sa prétention est fondée sur un titre beaucoup plus fort, comme V. M. peut s'en faire aisément une idée très claire en examinant la table généalogique écrite ci-jointe et qui est fondée sur la plus exacte vérité. Elle y verra que la maison de Brandebourg descend en ligne droite d'Anne, fille ainée de l'Empereur Albert II, Roi de Hongrie et de Bohème, mariée à un Marggrave de Misnie, dont la fille unique Marguerite a été mariée à Jean Cicéron Electeur de Brandebourg, tige en ligne droite de V. M. Cette Anne Princesse de Hongrie et de Bohème fut exclue de la succession de ces deux Royaumes par sa sœur cadette Elisabeth, qui épousa Casimir III de Pologne, et dont le fils Uladislas II fut élu Roi de Bohème et de Hongrie et les transmit à Louis II. Anne fut mariée à l'Empereur Ferdinand I d'Autriche, celui-ci trouva moyen en partie par la force, de se faire élire Roi de Hongrie et de Bohème, et c'est de cette manière que ces deux beaux Royaumes sont entrés dans la Maison d'Autriche au préjudice de celle de Brandebourg. Celle peut donc soutenir, qu'on lui a fait grand injustice (verbessert aus: tort) en ce que la Princesse Anne de Bohème, fille d'Albert II., dont elle descend, a été privée de la succession par sa sœur cadette Elisabeth, qui l'a fait passer à tort dans la maison de Jagellon et ensuite dans celle d'Autriche. Celle-ci objectera, que les Royaumes de Hongrie et de Bohème étoient alors électifs et non héréditaires, mais on pourroit bien prouver de notre côté par l'histoire, que ces Royaumes ont toujours passé par hérédité dans d'autres lignes et que les Princes de Pologne et d'Autriche n'ont fait passer leur élection au préjudice de la maison de Brandebourg que par la force et des ruses.

Il faut observer encore que la présente maison d'Autriche ne descend pas de l'Empereur Albert II d'Autriche, dont descend la maison

Table généalogique des Rois de Hongrie et de Bohème, ainsi que des maisons d'Autriche et de Brandebourg.

- Louis I Roi de Hongrie † 1382
  - Marie, Reine d'Hongrie, Epouse de Sigismond de Luxembourg, Empereur, Roi de Hongrie et de Bohème † 1437
    - Elisabeth, Reine d'Hongrie, mariée à Albert II d'Autriche, Empereur, Roi de Hongrie et de Bohème † 1439
      - Anne † 1467, mariée à Guillaume III Marggrave de Misnie †
        - Marguerithe † 1511, mariée à Jean Ciceron Electeur de Brandebourg
          - Joachim I
          - Joachim II
          - Jean George
          - Joachim Frédéric
          - Jean Sigismond
          - George Guillaume
          - Frédéric Guillaume le Grand
          - Frédéric I, Roi de Prusse
          - Frédéric Guillaume I
          - Guillaume, Prince de Prusse
          - Frédéric Guillaume II Roi de Prusse.
      - Elisabeth, mariée à Casimir III Roi de Pologne
        - Uladislas II., Roi de Pologne, de Bohème et de Hongrie † 1516
          - Louis II, dernier Roi de Hongrie et de Bohème † 1526, tué dans la bataille de Mohacz.
          - Anne † 1547, mariée à Ferdinand I d'Autriche Empereur, Roi de Hongrie et de Bohème.
            - Maximilien II
            - Rudolphe II
            - Ferdinand II
            - Ferdinand III
            - Leopold
            - Charles VI
            - Marie Therèse
            - Joseph II.
      - Ladislas, Posthume, Roi de Hongrie et de Bohème † 1457

Beigegeben Hertzbergs Bericht vom 12. April 1789 (eine Druckseite):

Table généalogique de la Maison Palatine et Bavaroise et des cas de Succession de 1425 et 1778.

- Otton I, Duc de la maison de Wittelsbach † 1183
  - Louis I, Duc de Bavière et premier Comte Palatin du Rhin † 1231
    - Otton II, L'illustre † 1253
      - Louis le Sévère, Duc de Bavière et Comte Palatin du Rhin † 1294
        - Rudolphe, Electeur Palatin et Souche de la maison Palatine † 1319
          - Adolphe † 1327
            - Rupert II † 1398
              - Rupert III † 1410
                - Etienne † 1459
                  - Maison Palatine d'aujourd' hui
        - Louis Empéreur, Duc de Haute Bavière 1314, Emp. 1314 Duc de Basse Bav. aussi 1340 † 1347. Ses epouses 1. Beatrix de Glogau † 1323. 2. Marguerite de Hollande † 1356
          - Etienne I † 1377
            - Etienne II d'Ingolstadt † 1413
              - Louis † 1441
                - Louis † 1445 sans posterité
            - Freder. de Landshut † 1393
              - Henri † 1450
                - Louis † 1479
                  - George le riche † 1503 dernier de cette ligne
            - Jean de Munich † 1397
              - Ernest † 1438
                - Albert III † 1460
                  - Ligne masculine de Bavière éteinte en 1777
              - Guill. † 1435
          - Albert, † 1404, tige de la ligne de Straubingen
            - Jean, Evêque de Liège 1390—1418 Duc de Basse Bavière à Straubing † 1425 dernier possesseur de la Basse Baviere après le 2 partage
            - Jeanne ou Sophie, Epouse 1390 d'Albert IV Duc d'Autriche
              - Albert IV, Duc d'Autriche, Empereur 1438, sous le nom d'Albert II † 1439, son Epouse Elizabeth fille de l'Empereur Sigismond (mit Tinte daneben geschrieben:) Roi d'Hongrie et de Bohème
                - Anne † 1462, Epouse de Guillaume III Margrave de Misnie 1446 † 1482 sans posterité mâle
                  - Marguerite † 1511, Epouse de Jean Ciceron Electeur de Brandebourg
                    - Maison actuelle de Prusse et de Brandebourg
                - Elizabeth † 1505, Epouse de Casimir IV Roi de Pologne 1454 † 1492
                  - Wladislas IV, Roi de Bohème 1471 de Hongrie 1490 † 1516
                    - Anne † 1547, Epouse de Ferdinand I Archiduc d'Autriche marié 1521 Roi de Bohème 1526 de Hongrie 1527 Empereur 1556 † 1564
                      - Maison actuelle d'Autriche.
                - Ladislas, posthume Roi de Hongrie et de Bohème † 1457 sans être marié
      - Henri, Duc de Basse Baviere † 1290
        - Etienne, né 1271 † 1311
          - Henri de Landshut † 1339
            - Jean † 1340 dernier possesseur de la Basse-Bavière après le I. partage
          - Beatrix, Epouse de Rupert II Souche femelle de la maison Palatine
            - Rupert III Comte Palatin † 1410
          - Elizabeth, Epouse d'Otton: Duc d'Autriche
            - Frédér. d'Autr. † 1354
            - Leop. d'Autr. † 1344
            - sans posterité

de Brandebourg, mais qu'elle n'est que collatérale et ne peut par conséquent pas dériver d'Albert II les mêmes titres que la maison de Brandebourg.

Il me semble que si on pouvoit un jour faire valoir cette prétention, il faudroit la diriger principalement sur le Royaume de Bohème, qui est contigue aux États Prussiens et qu'au pis-aller on pourroit s'en servir pour obtenir que la maison d'Autriche rénonce et rende à la maison de Brandebourg le droit de reversion, que la Couronne de Bohème a sur la Lusace après l'extinction de la présente ligne Electorale de Saxe, qui devient de plus en plus probable et peu éloignée.

J'espère avoir ainsi satisfait à la tâche dont V. M. m'a honoré.

Berlin le 12 Avril 1789. Hertzberg.

[85]) Geh. St.-Arch. Berlin, Rep. 96, 154. No. 19. (Jacobi.)

7. 3. 1789.

. . . On écrit de Bude que les inondations de plusieurs rivières ont abimé quantité de grains de ceux que les Hongrois ont coutumé de garder sous terre, de sorte qu'on n'y est pas sans appréhension pour les besoins de cette année. Dans les autres provinces de la domination Autrichienne il n'y a rien moins que l'abondance. On entend partout des plaintes amères sur les livraisons de grains, que le Gouvernement exige à un certain prix avec tant de dureté et audessous de la valeur du marché, de sorte que pour remplir ces livraisons on est obligé de les acheter plus cher que le Gouvernement ne les paye, pour ne rien dire qu'au lieu d'argent comptant, on ne donne que des quittances sans interêt payable seulement après la guerre: Enfin on est tout étonné de voir qu'après une seconde campagne on soit obligé de tendre les cordes pour faire une seconde.

No. 45. 6. 6. 1789.

. . . Le Président de la Chambre des Finances de Bude le Comte de Zichy a été mandé ici, pour consulter avec lui sur des moyens d'y pourvoir; mais il n'a pas (été) encore admis à l'audience de l'Empereur, à cause de la mauvaise santé de S. M.

No. 47. 13. 6. 1789.

. . . Le Président de la Chambre des Finances de Hongrie . . . a eu hier après midi une longue conférence avec les chanceliers de Bohème et d'Autriche pour aviser aux moyens de pourvoir les armées des provisions des particuliers. Il a déclaré que s'il y avoit moyen de réüssir à ce sujet, ce ne pouvoit être qu'en payant aux Hongrois leurs livraisons (en) argent comptant ou en billets portant intérêts et payables à certain terme. On est tombé d'accord là dessus avec lui, et le rapport a été fait en conséquence aujourdhui à l'Empereur.

No. 48. 17. 6. 1789.

. . . On dit assez haut que ce Monarque a eu une prise très forte avec le Comte Zichi, revêtu de la première charge en Hongrie, étant premier juge de ce royaume. Le sujet en a été l'approvisionnement des troupes. S. M. ne veut pas se départir de Son principe de payer les livraisons avec du papier, c'est à dire des quittances sans stipulation d'intérêt ou de terme de païement. Le Comte de Zichi a soutenu, dit-on, fort sèchement que de cette manière l'armée mourroit de faim; mais, malgré les représentations les plus énergiques, on n'a pas voulu consentir encore à payer aux Hongrois leurs livraisons par des billets portant intérêt, à 4 pour cent. . .

[Podewils, Jacobi.]

17. 6. 1789.

. . . Le C[e] de Zichi a dit qu'on seroit heureux de la finir (sc. la campagne) sans qu'il y ait disette en Hongrie tant pour les subsistances que pour les fourages; qu'outre la cavallerie, les chevaux employés pour le charriage de l'armée passoient le nombre de trente mille. . . . La dette de l'état envers la Hongrie pour des livraisons va déjà à bien des millions.. [Jacobi allein.]

Über Lieferungsschwierigkeiten und Klagen der Ungarn auch No. 50, (24. 6. 1789), No. 52 (1. 7. 1789), No. 73 (16. 9. 1789).

Ebd. 31. 10. 1789.

En attendant, on prétend que Laudon vient de proposer à l'Empereur de ne pas faire retourner cette année des troupes de la Hongrie pour leur faire prendre leurs quartiers d'hiver, comme l'année passée, mais d'en faire une dislocation en Hongrie même, en faisant loger une partie sous des huttes de terre. Des personnes instruites disent, que cette mesure est dictée par la nécessité, parce que le nombre des malades augmente encore tous les jours, et que dans la position actuelle il ne peut être question de renvoyer des troupes. Peut-êtres que les mouvements, qu'on remarque depuis peu parmi la noblesse de ce royaume en sont un motif de plus. Plusieurs membres des Etats ont parlé fort haut à l'occasion des congrégations pour la répartition des livraisons pour l'armée. L'Empereur, pour les intimider par un coup d'autorité, a envoyé avant-hier, pendant qu'il y avoit conseil à la chancellerie d'Hongrie ici un billet de main propre au Vice-chancelier de ce royaume, en lui enjoignant d'en faire d'abord lecture au conseil assemblé. Ce billet portait que le C. d'Esterházi, un des comtes suprèmes de Hongrie, de retour des congrégations présenté au conseil, s'étant conduit dans une des congrégations de manière à exciter les autres à la revolte, S. M. I. lui fesoit signifier sa disgrâce, avec ordre de sortir dès le moment du conseil et de ne plus paraître aux Etats. Cette rig(u)eur a fait une sensation des plus vives parmi tous les Hongrois. Ceux mêmes, qui sont du parti de la cour la désapprouvent, parce que le C. d'Esterhazi n'a rien fait, qu'alléguer les lois du royaume qui prescrivent une autre marche à la fixation et à la répartition des livraisons à faire. Toutes ces oppositions rendent S. M. de très mauvaise humeur. . .

86) Geh. St.-Arch. Berlin, Rep. 92 (Original) und Wiener St.-Arch., Habsburgerkorr., Sammelbände 63, Joseph II. und Graf Pergen (Abschrift als Interzept). Schreiben Jacobis an das Ministerium vom 28. 3. 1789.

87) Geh. St.-Arch. Berlin.

87a) Über die Genealogie der Famlie Bek s. ZOLTÁN VARGHA im *Tisza-Évkönyv* 1923, S. 56 f.

88) Diese Angaben ergeben sich aus zwei Gesuchen Beks im Budapester Landesarchiv.

89) S. VARGHA a. a. O. Da Bek, vielleicht um jeden Verdacht zu zerstreuen, seit 1792 ganz auf die Seite des Hofes übergetreten war, geriet er der Nation gegenüber in sehr schlechten Ruf und galt vor allem zur Zeit der Verschwörung des Martinovics allgemein als Spion und Verräter. Vgl. VÁCZY, *Kazinczy Ferencz levelezése* VIII, S. 623 und V, S. 522.

90) Geh. St.-Arch. Berlin, Rep. 96, Bericht Jacobis vom 10. 10. 1789: . . . J'ai enfin pu remettre la lettre que le colonel de Bischoffswerder m'a remise pour un Seigneur Hongrois patriote. Cette nation est sur le point d'envoyer quelqu'un à Berlin, pour porter ses plaintes aux pieds du trône de V. M. et demander sa puissante protection et assistance.

91) Geh. St.-Arch. Berlin, Rep. 92, Ministerialkorr.

Vienne ce 15. Aout 1789.

Sire.

Pour obéir aux ordres de Votre Majesté de me rendre à Neisse au temps qu'Elle compte de s'y trouver dans le courant de ce mois, je partirai d'ici après-demain, 17 du courant, pour y arriver le 19, ce qui est mercredi prochain, . . . Jacobi Klöst.

92) Rep. 96. Brief Jacobis an den König vom 23. 10. 1789:

. . . Les notions qu'Elle daigne m'y donner sur l'homme en question et sur le terme incertain de son retour dans cette capitale me serviront de règle pour ma conduite ultérieure.

93) A. a. O.

94) Brief Jacobis an den König vom 14. 10. 1089. Ebd.

95) Ebd.

Au Baron de Jacobi-Klöst à Vienne. Potsdam le 28. Oct 1789

. . . Si Vous connoîssez l'Hongrois qui doit venir ici, Vous me ferez plaisir de me donner d'avance les renseignements sur son sujet, comme aussi de me prévenir sur le temps de son arrivé ici.

Sur ce [zu ergänzen zu der für Friedrich Wilhelm II. charakteristischen Schlußformel: je prie Dieu qu'il vous prenne dans sa sainte et digne garde].

[96]) Ebd. No. 89 b. 7. 11. 1789.

Sire. J'ai reçu hier avec le plus profond respect les ordres très gracieux de Votre Majesté en date du 28. d'octobre dernier (bis hierher unchiffriert). Je La remercie très humblement d'avoir voulu permettre qu'à l'avenir mes rapports soient entièrement séparés de ceux du C. de Podewils. Quant à l'Hongrois que plusieurs des premiers de cette nation se proposent d'envoyer à V. M., c'est un jeune homme d'une jolie figure qui m'a dit qu'il seroit muni de papiers authentiques, de signatures très connuës, qu'il devoit mettre a Vos pieds, Sire, comme contenant l'expression des vœux de la nation. Il a voulu être à Berlin les premiers jours de ce mois, si les circonstances ne lui déconseilloient pas cette démarche. Cette résolution était prise même depuis la prise de Belgrade; il m'a donné alors une lettre en termes couverts destinée pour le B. de Hompesch, pour servir d'avis à celui-ci de se rendre aussi à Berlin dans les premiers jours de ce mois. Il m'avoit prié de mettre cette lettre ici à la poste, mais je n'ai osé le faire, parce que l'écriture eut pu trahir l'auteur.

[97]) S. Jacobis Bericht No. 92 vom 18. 11. 1789. Geh. St.-Arch. Berlin.

[98]) Der Brief befindet sich im Geh. Haupt- u. St.-Arch. zu Weimar und ist bereits von Bailleu, *Goethe-Jahrbuch* XX (1899), S. 145 f. veröffentlicht worden.

[99]) Geh. St.-Arch. Berlin, Rep. 96, Imm.-Korr. mit Jacobi-Klöst, 1789.

Au Baron de Jacobi-Klöst à Vienne. Potsdam le 21. Nov. 1789.

L'homme en question que vous savez, a été ici, et il faudra par cette raison que vous différiez l'entrevue avec lui, au lieu du premier, jusqu'au quinze décembre prochain à huit heures du soir. Si cependant cet homme ne put pas être de retour au quinze et que des empêchements survinssent, Vous pourrez toujours avoir des nouvelles et parler sûrement avec le Conseiller de la Cour Semsey à Vienne. C'est pour Vous informer de ce que dessus que je Vous fais la présente et sur ce (Je prie Dieu, qu'il Vous ait en sa sainte et digne garde).

[100]) A. F. F. v. der Goltz an Lucchesini, Warschau, 1. Oktober 1790. Vgl. Paul Bailleu: *Karl August, Goethe und der Fürstenbund.* Hist. Zschr. 73 (1894), S. 26.

[101]) St.-Arch. Weimar. Brief Weylands aus Berlin vom 16. März 1790 an Karl August:

... Un courrier de Mayence, depêché par Mr. le Baron de Stein, ayant apporté aujourd'hui à Mr. de Stein, Conseiller privé du Roi (der bekannte Staatsmann), la nouvelle de la mort de leur frère décédé à Ofen d'une fièvre putride à l'age de quarante trois ans, m'a remis en même temps la lettre ci-jointe, pour la faire parvenir à Votre Altesse.

[102]) St.-Arch. Weimar D 1663. Brief Steins an Karl August aus Potsdam vom 29. Sept. 1789.

[103]) In seinem Schreiben an Karl August vom 20. 12. 1789, St.-Arch. Weimar: .... Der Hofjägermeister Freiherr von Stein, der von Obigem (d. h. den ungarischen Plänen) nicht unterrichtet ist . . .

[104]) Haupt- und St.-Arch. Weimar.

[105]) Ebd. (Anfang Dezember 1783).

Au Colonel de Bischoffswerder.

Monsieur. La lettre très intéressante et flatteuse que Vous avez eu la bonté de m'écrire en date du 25 Nov. m'est parvenue avant-hier. Comme ma réponse ne tombe dans la main d'aucune poste étrangère, je me dispense de me servir du chiffre. Recevez préalablement, Monsieur et très cher ami, les expressions de ma vive reconnoissance pour la manière honorable et amicale avec laquelle Vous Vous êtes souvenu de moi à l'occasion très intéressante que la présence du Sr. Bek a fourni. Je désirerois d'être digne de la confiance que Vous avez voulu me marquer, mais ce n'étoit malheureusement que ma bonne volonté que j'ai pu manifester jusqu'à présent. Les espérances que Hompesch et Beck ont donné(es) de la possibilité qu'une révolution se fasse en Hongrie, si S. M. le Roi de Prusse attaquoit l'Autriche pendant le temps d'à présent où cette dernière puissance est si occupée et où ses finances et son armée sont si fortement délabrées, me paroissent être dignes d'attention, et je crois qu'on fait bien de ne point négliger des connoissances qui, quelque faibles quelles soient peuvent servir à procurer quelque avantage, si les armes prussiennes sont heureuses; mais je ne saurois me nier qu'en même temps il faut être extrêmement sur ses gardes de ne point s'embarquer trop loin avec des gens dont la position et les relations ne sont nullement d'une espèce qui inspire une confiance illimitée. Hompesch et Beck peuvent servir utilement comme boutefeu, si le Roi se résout d'embraser la Monarchie Autrichienne, mais certes il faudra bien d'autres leviers pour remuer une machine dont les fondements sont si solides. L'idee de ces Mrs. de s'élire déjà présentement un Roi du milieu du Corps Germanique m'a fait souvenir de l'histoire de ce malheureux Prince Palatin qui acquit en Bohème le titre de Roi d'un hiver.

Pour ce qui regarde les moyens de nous entretenir tant sur cette intéressante matière, que sur les évènements qu'on prépare pour le printemps prochain, j'aurois volontiers opté celui de me rendre d'abord chez Vous, si je ne craignois que S. M. n'eût troqué le séjour de Potsdam contre celui de Berlin, pendant le temps que je serois en route. Ce terrain de Berlin nous est connu. Vous savez, Monsieur, que ce n'est nullement là que des personnes puissent s'entretenir à leur aise, dont les relations nécessitent des assiduités des courtisans.

Potsdam est plus adapté à la spéculation et l'on n'y est point interrompu, et nullement gêné. Il dépendroit donc du départ du Roi pour Berlin que notre entrevue pût se tenir encore avant le Carneval. C'est à dire si S. M. ne quittait trop tôt Potsdam, je pourrois m'y rendre encore pour un couple de jours sans être obligé de faire cette malheureuse Vita di Cazzo dans la capitale; mais en cas que le Roi se transportât à Berlin avant que je puisse atteindre Potsdam, ce seroit alors que je désirerois vivement que notre contrevenue pût être différée jusqu'au retour de S. M. dans sa résidence militaire. Car je Vous avoue avec toute la franchise que je Vous dois, que S. M. me feroit une vraie faveur, de me dispenser cette fois-ci du devoir honorable d'assister au plaisirs hibernaux de Berlin. Car cette distraction du Carneval ne veut nullement s'arranger avec les métiers que je dois faire, et il faut réellement un travail assidu pour arranger mes propres affaires d'une manière que je puisse entièrement les quitter le printemps prochain, si mes devoirs envers la Prusse demandent ma personne auprès des drapeaux qui doivent nous conduire le chemin de la gloire. Les relations et entre les Princes et entre leurs sujets s'embrouillent de jour en jour plus avant, et l'extrème cherté des blés qui règne en Allemagne, occasionnent plus fréquemment des murmures et de mécontentements auxquels il faut prêter la dernière attention.

C'est avec bien d'impatience que j'attends Votre réponse, Mr., afin que je puisse en conséquence régler les mesures que j'aurai à prendre là-dessus. Chaque occasion me sera rejouissante, où je pourrai de vive voix etc.

Im Geh. Haupt- und Staatsarchiv Weimar. Mitgeteilt von Paul Bailleu im *Goethe-Jahrbuch* 20, 146. Die erste Hälfte des Briefes, in Faksimile hier beigelegt, zeigt die charakteristischen Züge Goethes. Über die politische Tätigkeit Goethes ungenügend Ottokar Lorenz: Goethes politische Lehrjahre, Berlin, W. Hertz 1893. Ohne die geringste Kenntnis des reichen Aktenmaterials. Dagegen P. Bailleu: *Karl August, Goethe und der Fürstenbund.* Histor. Zeitschr. 73 (1894), S. 14—32.

106) Ebd. Gleichfalls bereits von Bailleu veröffentlicht.

107) Weimarer St.-Arch. D 1664:

Monseigneur,

L'esquisse du portrait du Sr Meyer lui ressemble parfaitement, mais il faut qu'il se soit bien mal expliqué, si Votre Altesse Sérénissime trouve les plans éventuels, dont il a fait mention, analogues aux propos de Huon, et considère la proposition qui y est relative, comme faite pour la tenter. La situation actuelle rend bien des choses possible, et j'ai cru qu'il n'y avait aucun risque à s'entendre même pour les cas de cette espèce.

Le changement d'Almanac ne pouvant rien changer ni ajouter aux sentiments de mon cœur, il ne me reste que de supplier Votre Altesse Sérénissime d'agréer — comme anciennement — les très humbles assurances du dévouement sincère, parfait, et inviolable avec lequel je suis,

Monsieur de Votre Altesse Sérénissime

à Berlin le 7. Janv. 1790. le très humble et très soumis serviteur

Bischofwerder.

108) S. meine Mitteilung *Goethe in ungarisch-deutscher Kleidung*, Ungarische Rundschau 1912, S. 569 ff.

109) S. das Einladungsschreiben des Königs vom 9. 1. 1790, Weimarer H. u. St.-Arch. D 1664.

110) Ebd.

111) Ebd.

112) Brief Steins an Karl August vom 30. 1. 1790. Weimarer Geh. St.-Arch.

113) Brief der Herzogin an Karl August vom 30. 1. 1790.

Vous voilà selon notre calcul bien établi à Berlin, mon cher Duc, et nous attendons comme on attend le Messie, s'il vous a été possible de mettre un peu de clarté dans cette maudite affaire de Liège, laquelle au lieu de s'éclaircir s'embrouille tous les jours d'avantage uniquement par le défaut de s'entendre . . .

114) Ebd.

Mayence ce 4 fevrier. Il seroit fort mal-honnête de ne pas vous dire un petit mot, mon cher Duc, par l'occasion de votre sollennel ambassade. L'occasion est très belle. Mais malheureusement il me semble que toutes les affaires prennent une si abominable tournure, daß einem der Verstand stille steht. Pour moi, je crois que je n'en ai plus du tout. Car je n'entends plus goutte à la politique d'aujourdhui...

115) Ebd. Der Herzog von Braunschweig an Karl August.

Monsieur.

Je me hâte de renvoyer à Votre Altesse Sérénissime avec mes plus parfaits remerciments toutes les pièces qu'elle a eu la bonté de me faire parvenir. L'affaire de Saxe rentre à peu près dans la route que j'ai souhaitée; j'écrivis hier à Mr. de Hertzberg que je croyois qu'il y auroit beaucoup de gagner, si l'on pouvoit déterminer l'Électeur à un traité simplement défensif. . . .

116) Ebd. Brief des Herzogs v. Braunschweig an Karl August:

La lettre ci-jointe est ostensible, je sens toutes les raisons qui ont déterminé V. A. S. de ne pas se rendre à Drèsde. J'espère que l'on sera convaincu maintenant de ce que j'ai osé avancer il y a au delà d'un an, de ne point traiter la Cour de Drèsde trop légèrement.

Es folgt ein Auszug aus der Depesche des Grafen Loß vom 25. 1. 1790 und andere Schriftstücke die sächsische Angelegenheit betreffend. (Weimarer H.- u. St.-Arch.)

[117]) Eine Abschrift dieses Berichts befindet sich gleichfalls im Weimarer St.-Arch.

[118]) Ebd. Billet Hertzbergs an Karl August vom 12. 2. 1790.

[119]) No. 84. 21. 10. 1789. (Jacobi.)

. . . On a fait entendre aux Hongrois qu'on seroit content s'ils voulaient convertir leurs livraisons de fourages en une somme d'argent comptant payable sans délai. Les Hongrois ont offert cinq millions de florins qui seront probablement acceptés.

No. 85. 24. 10. 1789. (Jacobi.)

. . . Les Hongrois viennent d'offrir de payer en argent comptant deux tiers des livraisons qu'on leur a demandées et de fournir le reste en nature, pourvu qu'on leur permette d'en faire la répartition dans leurs congrégations ordinaires. L'Empereur y a consenti, ce dont on infère, que ce Monarque se flatte du retour prochain de la paix. Les deux tiers des livraisons sont évaluées à 5 millions de florins, parce qu'on a pris le prix actuel du marché pour règle. En fesant cette proposition à l'Empereur, les Hongrois ont renouvellé, quoique dans les termes les plus soumis, leur demande de consentir à la convocation d'une Diète, mais on doute avec raison que S. M. y consente. Pour amadouer cependant la noblesse hongroise, ce Monarque a consenti a leur vendre des terres ecclésiastiques à des prix très modérés.

(Geh. St.-Arch. Berlin, Bericht Jacobis aus Wien.)

[120]) No. 100. 16. 12. 1789. (Jacobi.)

(Bevorstehende Truppenmärsche durch Ungarn nach Galizien.)

. . . . . . Les Hongrois regardent cette marche comme une nouvelle charge pour eux; il s'étaient flattés, qu'on distribueroit la plupart de ces troupes dans les nouvelles conquêtes. On les berce de l'espérance de la restitution d'une partie de leurs privilèges, mais ils sont bien éloignés de se livrer à aucun espoir à ce sujet. La noblesse prend sous main des mesures pour ouvrir aux paysans les yeux sur les vuës du Souverain, et il y a des avis certains que dans plusieurs Comitats ils commencent à murmurer tout haut sur les poids de la guerre qui les accable. . . .

No. 101. 19. 12. 1789. (Podewils.)

. . . Cette campagne-ci a coûté à l'Empereur 70 millions de florins ou 40 millions d'écus, dont 18 consistent dans une dette contractée vis-à-vis des Hongrois par les livraisons que ceux-ci ont fournies contre de simples quittances. Pour les amadouer un peu, il a été ordonné que les troupes destinées pour le cordon en Galliczie ne défileront pas par la Hongrie, mais prendront la route de la Transylvanie et de la Bukowine, ce qui abrège même leur marche. . .

[121]) Ebd. No. 97, vom 5. 12. 1789. Jacobi an den König.

. . . En Hongrie on a non seulement suspendu le mesurage des terres, mais aussi toutes les opérations ultérieures que les Hongrois regardaient avec raison comme un acheminement pour les soumettre aussi au nouveau système de contributions.

[122]) No. 93. (Jacobi.) Vienne le 21. Novembre 1789.

. . . [Mit Bezug auf alle Länder der Monarchie.] Ce Monarque [Josef] donne dans toutes les occasions de nouvelles preuves de ses principes despotiques et arbitraires. Il rejette avec dédain les rélamations qui lui sont adressées de toutes parts sur le nouveau système de contributions, et il vient de donner les ordres les plus précis à tous ses dicastères d'user de la rigeur nécessaire envers tous ceux qui, sous toutes sortes de prétextes, voudroient se soustraire aux nouvelles ordonnances. . . .

[123]) Ebd. No. 96 v. 2. 12. 1789. (Jacobi): . . . Les mécontements dans l'intérieur des États autrichiens sont toujours les mêmes. Le feu couve partout sous la cendre, dont l'explosion ne se fera cependant à ce qui paroît que lorsque d'autres Puissances se mêleront de la guerre de l'Orient.

[124]) Ebd. No. 104 b, 30. 12. 1789. (Jacobi.)

. . . En Hongrie l'exécution militaire contre quelques paysans a pensé coûter la vie à quelques officiers qui ont été maltraités à cette occasion. On se flatte que la promesse de l'Empereur de tenir une diète calmera les esprits. . .

[125]) Ebd. No. 102. 23. 12. 1789. (Podewils.)

. . . On est persuadé actuellement: que si S. M. I. se remet un tant soit peu, Elle ira le printemps prochain en Hongrie, pour s'y faire couronner et s'assurer, par cette cérémonie, l'attachement de la Nation hongroise, qui, depuis longtemps, a désiré cela. . . .

Ebd. No. 103 (b). 26. 12. 1789. (Jacobi.)

. . . Il seroit plus probable que l'Empereur tournât ses vuës du côté de la Hongrie pour en tirer de nouvelles ressources. Ce qu'on a prévu à l'égard de cette province est arrivé. Ce Souverain a fait expédier hier des ordres pour faire connoitre par les commissaires des dix cercles à toute la nation que S. M. étoit résoluë de consentir à la tenuë d'une Diette et à se faire couronner aussitôt que les circonstances le permettroient; qu'en attendant les congrégations devoient tenir leurs délibérations pour le bien du pays. Cette résolution fera sans doute beaucoup d'impression sur une partie des Hongrois, mais il y en aura toujours qui n'y ajouteront pas foi. J'entends dès ce moment qu'on se propose à la vérité d'accepter cette promesse, mais qu'on veut demander aussitôt qu'on procède désormais d'une façon constitutionelle à l'égard des livraisons à faire et surtout par rapport à la sûreté des dettes contractées à ce sujet. Si les Hongrois, au reste, se prêtent aux vuës de l'Empereur, ce sera surtout, parce qu'ils croiront la paix prochaine avec la Porte. Ils m'ont dit savoir pour sûr que les officiers Turcs recherchent un armistice.

[126]) Ebd. 1790, No. 10, vom 2. 1. 1790. (Jacobi.)

J'ai appris de bonne part de la Hongrie que les dernières promesses de l'Empereur de convoquer une diète dès que les circonstances le permettroient n'y ont fait aucun effet, et qu'on y regarde cette démarche comme ayant été dictée par la nécessité et que, celles-ci n'existant plus, on reviendroit au despotisme. On n'espère guère mieux du règne du Grand Duc de Toscane. On dit que ce que l'Empereur vouloit obtenir par la force, son successeur y viseroit par la finesse.

[127]) Ebd. No. 2 b vom 6. 1. 1790. (Jacobi.)

Le chancelier de Transylvanie vient d'arriver ici. Lui et le chancelier de Hongrie ont fait tout récemment les représentations les plus énergiques (à) l'Empereur pour qu'on prenne sans délai des résolutions plus efficaces à l'effet de tranquilliser la nation Hognroise, dont le mécontentement, au lieu de se calmer par la dernière promesse de la convocation d'une diette, paroit faire tous les jours de nouveaux progrès.

[128]) Ebd. No. 8 (b) (Jacobi), 27. 1. 1790. Apostille à le Relation Nr. 8. Vienne ce 27. Janvier 1790.

Sire. Les délibérations des congrégations en Hongrie sont pour la plupart fort orageuses. On est presque généralement d'accord de demander, avant que de rien déterminer sur les livraisons à faire, l'abolition des dix commissaires Royaux et la rédintégration des suprêmes comtes. La grégation de Pest est allée plus loin. Après avoir fixé les deux points sousdits comme préalables, elle a conclu qu'il falloit insister avec fermeté sur la prompte convocation d'une diète, parce que les raisons qu'on allégoit pour en différer l'époque étoient précisément celles qui devoient l'accélérer. Le Judex curiae, actuellement la première charge du royaume, ayant fait des remontrances à ce sujet, les esprits se sont échauffés; on lui a déclaré que leur conclusion sur ce point étoit irrévocable et que, si l'Empereur se refusoit à cette demande, ce seroit à lui, Judex curiae, à convoquer, selon les loix du royaume, de son chef la diète. La séance a fini par déclarer qu'à moins que les deux susdites demandes ne fussent accordées et qu'en outre la couronne du royaume enlevée depuis quelques années de Pressbourg n'y soit rapportée, on ne pourroi même délibérer sur les livraisons à faire à l'armée. On a ajouté avec beaucoup de véhémence qu'en tout cas on sauroit repousser la force par la force. Le rapport qu'on a fait à l'Empereur de cette séance tumultueuse a paru ébranler sa fermeté. On craint que dans les Comitats qui avoisinent la Pologne leur asseemblée ne soit encore plus tumultueuse que celle de

Pest. L'Empereur a résolu cependant d'attendre les résultats des autres délibérations. . . .

[129]) Ebd. No. 9 (Podewils), vom 30. 1. 1790.

. . . Il y a beaucoup de fermentation en Hongrie au sujet de la déclaration de l'Empereur qu'après la paix S. M. y tiendroit une diette générale. Cela a produit un très mauvais effet. Les états d'Hongrie exigent que cette diète ait lieu d'abord; ils ont fait là-dessus de fortes représentations et menacent de ne pas donner de recruës et de refuser les livraisons de fourage, si on ne leur accorde pas.

[130]) Ebd. No. 9 (b) (Jacobi), Apostille 30. 1. 1790.

Sire. On m'a assuré aujord'hui de très bonne part que l'Empereur, voyant que presque toutes les conclusions des différents Comitats en Hongrie relativement aux quatre points dont j'ai fait mention dernièrement étoient uniformes et craignant un éclat dans ce vaste pays, venoit de prendre la resolution de tout accorder et de rendre aux Hongrois leurs privilèges tels qu'ils en avoient joui l'année 1780. Il doit n'y vouloir mettre que très peu de restrictions. Pareille condescendance prouveroit ou que l'esprit de ce Prince est effectivement bien affaibli, ou que les dangers auxquels il s'expose, lui ont été peints avec des couleurs assez vives pour opérer un changement total dans sa façon de penser.

Je suis . . . Jacobi Klöst.

Es folgt auf 30 Foliospalten eine Bittschrift an Joseph II. »gegeben zu Raab aus unserer am 15. Jan. 790 abgehaltenen General-Congregation«.

[131]) Ebd. No. 13 (Jacobi), vom 13. 2. 1790.

[132]) Ebd. No. 132 (Jacobi), vom 23. 12. 1789.

Le p^ce Kaunitz . . . dans un billet . . . a répondu à ce Monarque (Josef) sur plusieurs questions relatives aux mesures internes du pays. Il a eu le courage de dire: qu'il étoit vieux; mais qu'il craignoit d'être encore assez jeune, pour survivre à la triste époque, où S. M. I. perdroit la moitié de ses Etats. Ce premier Ministre doit avoir réveillé surtout l'attention de l'Empereur sur la Hongrie. On dit que c'est en conséquence de ses conseils exprimés avec beaucoup d'énergie, que l'Empereur est résolu de promettre aux Hongrois la convocation d'une diette, d'abord après la paix. Il s'en est déjà effectivement fait quelques ouvertures vagues à plusieurs Grands de ce Royaume et on vient de se relâcher vis à vis des différents Comitats de Hongrie sur plusieurs mesures de la Cour, contre lesquells ceux-ci reclamoient si fortement. J'ai cependant lieu de croire: que les Hongrois savent fort bien apprécier cette condescendance . . .

[133]) ADAM WOLF: *Leopold II. und Marie Christine. Ihr Briefwechsel.* (1781—1792.) Wien 1867, S. 109. Brief Leopolds, aus der Zeit um den 20. 2. 1790:

. . . . Quant aux affaires de Hongrie, Sa Mé. sur mes pressantes lettres et instances a enfin tout remis, comme celà était à la mort de feu l'Impératrice, aboli conscription, mesuration des terres, langue allemande, commissaires, et rendu aux Hongrois leur couronne. J'en suis bien enchanté et il ne manque qu'un couronnement formel, une diète dans toutes les formes qui leur ne manquera pas; on dit que la nation est fort contente, j'en loue Dieu; je me flatte toujours que la paix avec les Turcs se fasse, que la guerre avec le Roi de Prusse n'aura pas lieu . . .

134) Geh. St.-Arch. Berlin, dem Bericht Jacobis vom 30. Januar 1790 beigelegt.

135) Ebd. No. 10 (Podewils) vom 3. 2. 1790.

. . . . La couronne d'Hongrie va être renvoyée a Pressbourg. Cette condescendance a rempli les Hongrois de la plus vive joie. Plusieurs Grands ici en ont donné des marques publiques. C'est le P. Kaunitz qui a le plus contribué a faire réussir cela. . . .

No. 10 (b) (Jacobi) vom 3. 2. 1790.

. . . Landtag 1791. Mais, s'il falloit juger par la sensation que la restitution des privilèges a faite sur les Hongrois domiciliés à Vienne de cette qu'elle fera en Hongrie, il ne seroit pas douteux que toute la nation ne fut enthousiasmée et offriroit d'abord ses biens et sa vie pour reconnoitre un bienfait si signalé. La grande partie des Hongrois qui sont ici étant d'ailleurs créatures de la cour, ne parlent que des ressources immenses que l'Empereur peut tirer de leur pays; ils promettent d'avance un don gratuit de plusieurs millions, et à les entendre, ils sauveront une seconde fois la Monarchie autrichienne de sa ruine totale, comme ils l'ont fait à l'avènement de Marie Thérèse au trône. Il n'y a que peu d'Hongrois ici qui se défient encore de ses résolutions et pensent qu'il faut en attendre l'exécution.

136) Ebd. No. 14 (Jacobi) vom 17. 2. 1790.

. . . Aujourd'hui on dit qu'on a surpris des émissaires Prussiens en Hongrie et qu'on avoit des preuves en main que les derniers mouvements dans ce royaume avoient été excités par leurs insinuations et que les représentations fortes et menaçantes de plusieurs Comitats en étoient une suite. Je crois de mon devoir de faire mention de ces propos qui prouvent jusqu'où va la défiance ici. Il n'est plus douteux que la restitution des privilèges hongrois a été arrachée à l'Empereur par les rapports que le C. Pergen lui a faits sur les propos qu'on tenoit en Hongrie et les mouvements qui s'y fesoient. Ces rapports ayant été l'objet de plusieurs conférences entre le P. Kaunitz et les chanceliers d'Hongrie et de Transylvanie, il en a résulté les représentations les plus fortes de la part de ces trois Ministres; aussi ont-elles si bien intimidé ce Souverain qu'à l'heure qu'il est, il n'est pas encore entièrement rassuré sur la réconciliation sincère de cette nation avec lui, et, si les notions préalables qu'on a de la Hongrie se confirment, il se pourroit fort bien que la condescendance de S. M. I. au lieu d'être reçuë avec reconnaissance, animât encore d'avantage les mécontents de ce royaume et haussât leurs prétentions. . . .

137) Ebd. Bericht Jacobis vom 2. 12. 1789.

Le mécontentement qui règne indistinctement dans toutes les provinces de la Monarchie autrichienne pouvroit offrir à côté de tant d'autres raisons l'espoir le mieux fondé que les deux cours Imp. se soumettent plutôt à admettre V. M. comme arbitre de la paix que de s'engager dans une nouvelle guerre dont toutes les chances doivent être à leur désavantage, et si, contre toute attente, leur orgueil les aveugloit au point d'en vouloir courir les risques, il semble qu'elles ne pourroient que payer bien cher leur obstination.

138) Ebd. (Jacobi), vom 11. 2. 1790.

. . . parce que je sais par de très bons avis que ma maison, ainsi que celle du C. de Podewils est entourée de suppôts de police, pour observer la moindre de nos démarches. . . .

139) Ebd., Nov. 100 b (Jacobi) vom 16. 12. 1789.

Sire. L'homme dont V. M. a daigné me parler en date du 21 Novembre passé n'est pas venu me voir hier, le 15, jour désigné pour l'entrevuë avec moi; mais le Conseiller en question (Semsey) m'a recherché depuis huit jours pour me parler; l'occasion convenable ne s'étant pas encore présentée pour cette effet, il m'a fait dire par quelqu'un de la première distinction que ses compatriotes étoient toujours dans les mêmes sentiments, qu'ils n'attendroient leur salut que de V. M., mais que les mesures qu'on prenoit pour courir la Galliczie ne pouvoient que les effrayer, sans altérer cependant leur résolution. On m'a fortement pressé de dire ce que V. M. comptoit de faire. J'ai donné des réponses évasives, mais propres à les tranquilliser. Ils craignent très fort que la paix avec la Porte ne soit très prochaine. Quand ils entendront la résolution du Sultan de faire une troisième campagne, ils prendront sans doute un nouveau courage.

140) Ebd. Apostill. à la Relation No. 1 (Jacobi). Vienne ce 2. Janvier 1790.

Sire. L'homme dont V. M. m'a parlé en date du 29 Novembre est venu hier me dire que ses compatriotes l'avoient chargé de me prier de mettre à Vos pieds, Sire, leurs actions de grâce pour la manière dont V. M. a accueilli leurs hommages. Il assure que les promesses de l'Empereur pour la convocation d'une Diète n'avoient altéré en rien les dispositions de la nation qui désiroit toujours ardemment de voir arriver l'époque où V. M. trouveroit le propos de pourvoir à leur sûreté et à leur bonheur. Il ne sait rien encore de l'idée de l'Empereur de proposer aux Hongrois de pourvoir eux mêmes à la défense de leur pays, et il en doute, vu que cela donneroit lieu à la nation de se mettre sous les armes et de révendiquer l'épée à la main la restitution de leurs privilèges, mais il croit que l'Empereur, voyant que sa promesse ne trouvoit pas toute croyance, pourroit bien faire émaner une patente pour faire connoitre à toute la nation ses intentions touchants le maintien de leurs privilèges.

Je suis etc. Jacobi Klöst.

[141]) Ebd. Apostille à la Relation de Vienne du 3 Fevrier 1790 (Jacobi).

Sire. L'homme dont j'ai parlé à V. M. en date du 2 du mois passé est venu me voir pour me dire que ceux de la nation dont il avoit déposé les hommages aux pieds de V. M. à Potzdam, conserveroient toujours les mêmes sentiments, qui'ils ne se fioient point à tout ce qu'on venoit de promettre à la nation, qu'ils étoient convainçus que toutes ces promesses n'étoient que la suite de l'appréhension que les démonstrations guerrières de la Prusse avoient causées à l'Empereur. Je lui ai répondu que V. M. conserveroit toujours les mêmes sentiments d'estime pour une nation aussi brave, mais qu'il me paroîssoit que les nouvelles concessions répandroient bientôt un enthousiasme général pour l'Empereur dans tout ce royaume et y changeroient entièrement la face des affaires. Il m'a donné les assurances les plus énergiques du contraire, et, lorsque je lui ai observé que les paroles seules ne pouvoient suffire dans de pareilles occasions, il dit que l'événement prouveroit bientôt qu'il m'avoit dit la vérité. Je lui ai promis de transmettre à V. M. tout ce qu'il me diroit à ce sujet. Quoique je suis persuadé que depuis mon rapport du 22 Octobre 1788 le nombre des mécontents en Hongrie ait très considérablement augmenté et qu'on y ait même déjà été assez loin pour avoir formé un plan pour s'opposer à force ouverte au despotisme de l'Empereur, je ne garantirois pas que la plus grande partie de la nation ne revienne sincèrement à S. M. I. aussitôt que les mesures qu'on va prendre pour effectuer les dernières promesses annonceront vraiment de la bonne foi. Quoiqu'il en soit, cette condescendance de l'Empereur, la création du nouveau conseil de conférence prouvent, ce me semble, mieux que tous les raisonnements que l'esprit de ce Souverain baisse beaucoup et qu'il se sent mourir. Il s'est confessé avant-hier et a eu de la peine à dire son «confiteor», tant il avoit la respiration gênée.

Je suis etc. Jacobi Klöst.

142) Ebd. No. 12 (Podewils) vom 10. 2. 1790.

. . . L'Empereur, en rétablissant l'ancienne constitution de la Hongrie, en a cependant excepté trois points qui resteront sur le même pied, la tolérance des religions, qu'on n'ôtera rien aux paysans de leurs terres, et que les ordres religieux supprimés ne pourront point être rétablis. La nation Hongroise consent volontiers à cela; elle dit que c'est à V. M. qu'elle doit le changement qui vient d'y arriver, que sans la peur que l'Empereur a des Prussiens cela n'auroit jamais eu lieu. Il paroît au reste une représentation des Etats d'Hongrie à l'Empereur conçue dans les termes les plus fortes. Cette nation reproche à S. M. I. la guerre des Turcs, la guerre prochaine avec la Prusse et son alliance avec la Russie, comme autant de fautes qui font le malheur de sa monarchie. A la première occasion sûre je ne manquerai pas de l'envoyer . . .

143) Ebd. Au Baron de Jac. Kl. à Vienne. Berlin le 10 fevrier 1790. En chiffre.

La résolution de l'Empereur que vous venez de me mander par votre depêche et son apostille du 3 de ce mois de restituer aux Hongrois tous les privilèges dont ils ont jouis sous le règne de feu l'Impératrice-Reine, m'engage à Vous faire observer par la présente, que vous ferez bien de dire à Beck, Semsey, Weczey, que si la nation Hongroise est assez crédule, pour ajouter foi et se prêter aux offres de l'Empereur, qu'il étoit à croire qu'elle auroit pourtant assez de bon sens, pour ne reprendre leurs privilèges, que sous ma garantie, et en tout cas sous celle de la Porte pour la préserver des malheurs et oppressions, qu'elle avoit essuyés de la Maison d'Autriche à diverses reprises. Ne négligez pas de faire sentir comme il faut ce que dessus aux personnes susmentionnées et sur ce . . .

144) Ebd. Antwort des Königs auf die Dep. Jacobis v. 27. 1. 1790.

. . . Cependant la crise est telle que je m'attends de vôtre zèle que vous continuerez (de) redoubler d'attention pour observer tous les préparatifs et mouvements militaires que la Cour de Vienne peut faire, ainsi que les faites de la fermentation qui règne en Hongrie et dont j'ai trouvé un détail si intéressant dans l'apostille de vôtre dernière dépêche . . .

Ebda., Rep. 92, Minist.-Korr. mit Jacobi und Podewils. Berlin le 12 Février 1790. Au C. de Podewils à Vienne. (Antwort auf den Bericht No. 10 vom 3. 2. 1790.)

. . . Le rétablissement sans réserve de la Hongrie dans son ancienne constitution, telle que l'Empereur l'a trouvée établie à la Mort de l'Impératrice-Reine Sa mère, ainsi que celui de l'ancien Conseil de Conférence qui a existé sous le règne de Charles VI font sans contredit des changements très importants dans le gouvernement actuel de la

Monarchie autrichienne. Ce redressement subit des griefs des Hongrois provient probablement de la crainte des suites que leurs mécontentements pourroient avoir dans le cas d'une nouvelle guerre et de la contamination de celle d'Orient, si l'exemple des sujets des Pays-bas devenoit contagieux pour ceux-ci, comme il seroit en effet à appréhender . . . ad contrasign.

Finckenstein. Hertzberg.

Berlin le 19 Février 1790. Au C. de Podewils. (Antwort auf Relation No. 12 vom 10. 2. 1790).

. . . Je verrai avec plaisir la représentation des Etats de Hongrie à l'Empereur que vous m'annoncez, j'attends aussi vos nouvelles ultérieures de ce Royaume, pour savoir comment les Hongrois se seront repliqués sur les dernières concessions et s'ils s'en seront contents ou s'ils en auront demandé de nouvelles pour l'assurer entièrement du rétablissement de tous leurs droits. ad contrasign.

Finckenstein. Hertzberg.

145) Ebd. Immed.-Corr. No. 6 (b) (Jacobi) vom 20. 1. 1790. Vorbereitungen zum Kriege mit Preußen. Anknüpfend daran:

. . . Pendant qu'on s'occupe de tous ces préparatifs pour la Bohème et la Moravie, il paroît qu'on oublie presque la Hongrie. On se fait l'illusion de croire que cette nation se sera laissé aller aux dernières promesses vagues de la convocation d'une diète, mais de fort bonnes lettres assurent, que les congrégations s'étant assemblées avec permission de la cour pour délibérer sur les livraisons à faire, on veut saisir ce moment pour faire quatre demandes préalables à l'Empereur, savoir l'abolition des dix commissaires Royaux et la réintégration des Suprêmes Comtes dans leurs charges électives, le rétablissement de la langue hongroise, l'abolition de la conscription et enfin un engagement formel de renoncer à l'introduction du nouveau sistème de contributions. Il n'est pas probable que l'Empereur veuille condescendre aux désirs de la nation par rapport à ces 4 propositions et dans ce cas-là son refus pourra avoir des suites très sérieuses. . . .

146) Weimarer Haupt- u. St.-Arch. D 1664 (Kopie). Herzog Karl von Braunschweig an Karl August nach Weimar.

à Bronsvic ce 2 de Fev. 1790.

Je communique à V. A. S. un avis de Vienne, qui me parvient d'assez bonne part. Elle trouvera qu'il est digne de quelqu' attention. Il y a des moments, où aucun avis n'est entièrement à négliger . . .

V. A. D. M.

Copie d'un avis de Vienne de bon lieu.

Joseph a ordonné à Thugut de signer la paix à tout prix, même en rendant Belgrade, et à quelle fin? pour tourner ses armes contre Frédéric Guilleaume, et pour reconquérir les Pays-bas.

148) Ebd., Brief Weylands an Karl August vom 27. März 1790.

149) Ebd., Brief Weylands an Karl August vom 30. 3. 1790 über eine Unterredung mit Bischoffswerder. Beigegeben: Fragen über die Kriegsvorbereitungen und die Antworten Bischoffswerders darauf.

150) Geh. St.-Arch. Berlin. Beilage zu Jacobis Bericht No. 15 vom 20. 2. 1790.

On vient de m'assurer de très bonne part: qu'un parti fort considérable de la nation Hongroise prendra les mesures les plus propres, pour amener une révolution, et que la restitution des privilèges n'a pas fait changer de principes chefs d'une ligue, faite pour rendre la nation indépendante. On ajoute: que la mort de l'Empereur n'y changeroit rien. Dans quelques jours, je serai à même, ce que j'espère, de remplir au moins en grande partie les ordres de V. M. du trois de ce mois. Es handelt sich um Nachrichten über österreichische Garnisonen an der preußischen Grenze.

P. S. Le Comitat de Marmarosch se propose d'envoyer incessamment un Député à Votre Majesté.

151) 2. Beilage zu No. 15. Vienne ce 20 Fevrier 1790 à midi.

Sire. La Poste de Silésie a retardé de 24 heures et ne m'a apporté qu'aujord'hui à dix heures du matin les ordres immédiats de Votre Majesté du 10 de ce mois. Vous aurez vu, Sire, par mes relations depuis le trois du courant, jusqu'à celle de ce matin, qu'il y a un parti considérable en Hongrie, qui persiste dans ses principes, malgré la restitution de leurs privilèges, et qui est résolu de suivre son système, et de secouer le joug de la domination autrichienne. Plusieurs Hongrois m'ont assuré avec les termes les plus énergiques: que la mort de l'Empereur n'y changera non plus rien. Il me paroit, ainsi: que les intentions de V. M. dont Elle daigne me parler dans Ses ordres immédiats du trois de ce mois, sont déjà remplies par la propre inclination de la nation. Mais, j'aurai encore, ce soir, occasion de les manifester plus particulièrement. J'ai entre les mains la moitié d'une copie de la pacification conclue à Vienne, l'an mil six cent six, entre le Roi Matthieu et les Etats d'Hongrie. Ce traité a été guaranti par les Etats de Silésie, de Bohème, de Moravie et d'Autriche; et l'Electeur de Brandebourg a assisté a cette pacification. Actuellement, on veut faire valoir cette guarantie. Les Hongrois m'assurent: que, pour gagner du temps, il demanderont: que la Diète soit convoquée d'abord, et ils demanderont: que les troupes d'Hongrie soient à leur solde particulière, et qu'on ne les envoie pas hors du pays. Tout ceci m'a été confié sous le sceau du plus profond secret. On m'a recommandé extrèmement, de faire en sorte: que mon nom ne paroisse nulle part, pour que je ne sois pas mis hors d'état de leur être utile, en recevant leurs avis; je leur ai conseillé fortement d'envoyer sans délai quelqu'un à V. M., ce qu'ils m'ont dit, avoir déjà projeté, pour le faire incessamment. J'ai profité aujourd'hui des offres du ministre de Raguse, pour informer le Sr. de Dietz de la mort de l'Empereur. Je ne saurois finir, sans ajouter encore: que les Hongrois supplient V. M., de ne pas fixer d'avance l'individu, qui, le cas existant, doit les gouverner, comme leur Roi. Ils craignent: qu'une pareille mesure mettroit la zizanie parmi la nation, et gâteroit toute l'affaire. Je suis etc.

Jacobi Klöst.

152) Ebd. Au Baron de Jacobi-Klöst à Vienne. Berlin le 27 fevrier 1790.

Les nouvelles, que vous venez de me mander des bonnes dispositions des Hongrois me font un très grand plaisir, et je ne doute pas que Vous employerez tous vos soins pour les maintenir dans des principes d'un intérêt aussi majeur pour moi. Je ne nommerai, ni proposerai certainement personne pour Roi d'Hongrie. Ce que je désire uniquement avec ardeur, c'est que la Nation en élise un, qui ne soit pas Autrichien. C'est le principal pour moi. Du reste, je prie Dieu . . .

153) Ebd. No. 16 (c) (Jacobi) vom 24. 2. 1790.

. . . Les Hongrois sont très éloignés de vouloir d'abord faire des efforts en faveur du successeur. J'ai appris au contraire de très bonne part qu'ils insisteront sur la convocation immédiate d'une diète et le couronnement du Roi, mais que, sans avoir été satisfaits sur ces deux points, ils ne se prêteront à rien du tout. Plusieurs Comitats se portent dès ce moment à des démarches qui manifestent un parti pris décidemment de vouloir profiter des circonstances pour aller au delà de la constitution, telle qu'elle étoit sous feuë l'Impératrice Reine; ils déposent de leur autorité des magistrats. Ils déclarent ne vouloir reconnoitre que ceux qui ont été élus dans leur sein suivant les anciennes coutumes; ils ont fait des avanies à des personnes qui passent pour être dans les interêts de la cour; ils ont insulté un des Garde-couronnes, qui accompagnoit la couronne en Hongrie; enfin tout prouve que la nation commence à sentir ses forces et qu'une grande partie est décidée à en faire usage pour mettre des bornes à l'autorité du nouveau Roi.

Beilage zu No. 16. Vienne ce 24 Fevr. 1790.

Sire. Les affaires d'Hongrie vont de mal en pis pour la cour. Jusqu'à présent tout paroît concourir pour seconder les vuës de V. M. à l'égard de cette nation. Mais, à mesure que la fermentation y augmente, la défiance contre la Prusse prend aussi de nouveaux accroissements, ce dont le manque de temps m'oblige à différer de rendre compte jusqu'à l'ordinaire prochain. J'observerai en attendant que vu cette défiance il devient tous les jours plus difficile de procurer à V. M. les notions qu'Elle demande en date du 3 de ce mois [Über Olmütz, Spielberg und Brünn] . . .

154) Ebd. No. 17 (Jacobi) vom 27. 2. 1790.

. . . Les Hongrois sont très inquiets; ils ont pris la résolution d'ériger à leurs frais une Garde-noble pour garder la couronne du royaume. Dans ce moment ils s'occupent d'en fixer le nombre. Tout annonce qu'ils ne se contentent pas de ce que l'Empereur leur a déjà accordé . . .

Beilage zu No. 17. Vienne ce 27 Février 1790.

Sire. Dans le tourbillon actuel des affaires de ce pays-ci, les employés dans les dicastères étant retenus dans leurs bureaux, je n'ai pas encore pu parler à l'homme dont V. M. fait mention dans Ses ordres immédiats du 10, mais je me suis acquitté du contenu de ces derniers vis-à-vis de l'homme même lequel fut il y a quelques mois lui-même à Potsdam et qui étoit justement revenu de Bude, où il avoit été pour les affaires; il m'a témoigné de la surprise de ce que je lui disois en conséquence des susdits ordres immédiats de V. M. Bien loin, m'a-t-il dit, que les dernières concessions de l'Empereur aïent changé le moins du monde les sentiments dont V. M. est informée, les Hongrois persistent inébranlablement dans leurs dessins; que, si la situation des choses ne permettoit pas de former des souscriptions à cet égard, les mesures sur lesquelles on se concertoit actuellement feroient voir dans peu qu'on n'étoit nullement disposé à se contenter des promesses de l'Empereur, qu'on n'étoit que trop persuadé que cette restitution n'avoit d'autre origine que la peur des armements de V. M., qu'on ne se fioit pas non plus au successeur, que presque tous les Comitats étoient d'accord pour lui demander d'abord après son arrivé ici qu'il convoque une diette dans l'espace de trois mois, qu'on y ajouteroit en termes énergiques la déclaration expresse que hors d'une diète on ne s'entendroit à aucune proposition ni de livraisons, ni de troupes, ni d'argent; que, la diète une fois assemblée, V. M. pouvoit compter que tout dépendroit de l'appui qu'on verroit pouvoir attendre de Sa part; qu'on n'envisageoit qu'avec frayeur la possibilité d'un changement dans la façon de penser de V. M. à l'égard de la nation Hongroise. Ici mon homme m'a fortement pressé de lui dire si je craignois que les sentiments qu'on lui avoit montrés a Potsdam souffrissent peut-être de l'altération par la mort de l'Empereur, et si, dans le cas que le Successeur se rapprochât de la Prusse, V. M. ne changeroit pas de système. Je lui ai répondu d'une manière évasive, en l'assurant que j'étois intimément persuadé du cas infini que V. M. fesoit de la nation Hongroise et que tout dépendroit des mesures que celle-ci prendroit ultérieurement. Il m'a paru se contenter de ma réponse, et m'a repliqué dans les termes les plus forts que la garantie de V. M. seroit toujours le moins qu'on demanderoit, que pour celle de la Porte elle ne paroissoit pas pouvoir jamais offrir de sûreté suffisante. Il m'a dit que la nation alloit envoyer si non un Député, au moins une lettre importante à V. M., et que le Comitat de Marmarosch avoit déjà pris une résolution décisive à cet égard; qu'on feroit aussi une demande en Angleterre pour y démontrer l'utilité des efforts qu'on ferait pour soustraire la Hongrie au joug sous lequel elle gémissoit. En me disant ceci, il m'a donné un papier sur lequel étoient écrits les 12 chiffres, qui se trouvent à la fin de cette dépêche chiffrée, en me priant de faire en sorte que V. M. daignât envoyer ces 12 chiffres à Londres au Sécretaire d'Etat, le Sr. Pitt, afin que celui-ci donnât accès et prêtât l'oreille à l'homme qui lui présenteroit ces mêmes chiffres comme une espèce de lettre de créance. Je lui ai proposé de faire prendre à l'émissaire qu'on enverra à Londres la route de Berlin, mais il m'a dit que le parti étoit déjà pris là-dessus. Au reste, mon homme m'a averti que le gouvernement d'ici se défioit extrêment des liaisons qu'on supposoit que les Hongrois avoient en Prusse, que ce soupçon étoit une suite naturelle de la réclamation de plusieurs Comitats qui avoient menacé trop ouvertement de requérir l'appui de V. M. en conséquence d'un traité de 1606 dont j'ai déjà fait mention, qui est en langue latine et que j'envoye aujourd'hui au C. de Hertzberg. Enfin mon homme m'a fortement recommandé d'être sur mes gardes et surtout quand le nouveau Roi seroit ici qu'on accusoit à Florence d'y avoir eu dans toutes les maisons particulières des espions. Il m'a dit encore qu'on me feroit toujours avertir quand on auroit quelque chose à me dire. Ce n'est pas le seul endroit dont j'ai déjà été averti qu'on m'observe ici dans toutes mes démarches. On est allé assez bien loin pour répandre le bruit que j'avois distribué d'argent en Hongrie pour me faire des amis. On a même nommé les banquiers, chez qui je dois avoir touché ici des sommes très fortes. Il est vrai que ces bruits ne tirent leur origine que des cafés, mais ils contribuënt beaucoup à exciter l'animosité du peuple contre tout ce qui est Prussien. Il y a tout un parti ici qui prend à tâche d'imaginer et de répandre toutes sortes d'absurdités aux dépens de la Prusse. Les gens sensés n'y ajoutent pas foi à la vérité, mais leur nombre est fort petit ici. En attendant il est certain que la moitié de la ville ne parle que des instigations des émissaires Prussiens répandus aux Pays-bas, en Hongrie, en Gallicie et à Constantinople. J'ai cru de mon devoir de ne pas laisser ignorer V. M. cette disposition des Esprits dans ce pays-ci. Ce qui suit sont les 12 chiffres susdits. 179009710971. . . .

Ci-joint encore une apostille chiffrée (fehlt ebenso wie die übrigen angekündigten Beilagen).

155)

J'ai l'honneur de renvoyer à Votre Majesté la dépêche de Jacobi qu'Elle m'a envoyée. J'ai pris note des chiffres, qui doivent servir de pleinpouvoir à l'émissaire Hongrois qu'on envoite au ministère anglois, et j'aurai soin de faire passer ce chiffre par Mr. Ewart au dit ministère; mais je doute que celui-ci voudra se mêler de cette insurrection . . . .

Berlin le 6. Mars 1790.

Hertzberg.

156) Z. B. No. 18 (Jacobi) vom 3. 3. 1790.

Les Hongrois selon toute apparence iront bien plus loin que les autres. On cherche à réussir assez de Comitats pour demander la liberté à ériger des troupes nationales dont tous les Allemands seroient exclus et qui seroient entretenuës par les États. D'ailleurs, suivant de fort bonnes nouvelles, on continuë à dire fort haut dans ce royaume que les dernières concessions de l'Empereur ne suffisent pas à beaucoup près pour la réintégration des privilèges perdus, et comme sans doute dans la vuë d'intimider la cour, on y laisse tomber des propos qui font juger que cette nation compte sur une assistance étrangère, des personnes mal intentionnéses ne manquent pas de répandre qu'il y a des émissaires Prussiens dans le pays pour enflammer encore d'avantage le mécontentement des sujets . . .

157) Ebd. 2. Apost. ad No. 19 (Jacobi) vom 6. 3. 1790.

Sire. J'ai reçu hier les ordres immédiats de Votre Majesté du 27 de février passé (soweit unchiffr.) et je me conformerai humblement à leur contenu, mais je croirois manquer essentiellement à mon devoir si je laissois ignorer à V. M. que suivant ma façon de voir, les Hongrois les plus acharnés contre le gouvernement et les plus enthousiastes de leur liberté ne pensent guères à en venir à un éclat formel sans que les armées de V. M. soïent réellement en campagne et prêtes à fondre sur les troupes autrichiennes en Hongrie. Je m'en apperçois clairement à l'inquiétude extrême avec laquelle on me presse de dire si et quand V. M. en viendra au développement de Ses vuës. Ils sont informés actuellement que le 22 Janvier passé tout étoit arrêté définitivement à Constantinople pour la signance de l'alliance entre V. M. et la Porte. La nouvelle leur a fait grand plaisir, mais je me défierai toujours de leur fermeté tant que je ne verrai pas qu'ils arborent hautement les prétentions dont ils parlent. Il faudroit avoir été sur les lieux en Hongrie pour bien juger combien l'on peut compter sur ce que 2 ou 3 personnes ici assurent de l'enthousiasme de la grande partie d'une nation nombreuse. Il est vrai cependant que jusqu'ici l'avènement a tout vérifié.

No. 20 (Jacobi) vom 10. 3. 1790.

. . . . Quant aux conseils du prince Kaunitz pour gagner la confiance des sujets, je sais de science certaine qu'il est d'avis que dans les conjonctures actuelles le nouveau roi doit montrer la plus grande condescendance à l'égard des prétentions des Hongrois et des états des autres provinces et on voit bien partout ce qui se passe jusqu'ici à cet égard que les conseils du prince Kaunitz sont d'accord avec l'inclination du souverain. En Hongrie, les mêmes déclarations se font partout; mais au lieu de contenter cette nation, une grande partie en devient toujours plus exigante au point qu'on craint que plusieurs Comitats n'en viennent à des éclats pour prétendre la restitution de leurs privilèges tels qu'ils en ont joui du temps du Roi Matthias, et si tout ce qu'on m'en a dit se confirmoit, on seroit assez généralement uni pour n'accorder ni troupes ni livraisons, ni argent avant que le Roi n'ait signé le diplome que les Rois d'Hongrie sont obligés de signer avant leur couronnement et dans laquelle la nation leur préscrit des conditions. Il semble que tout cela doive s'éclaircir avant la fin du mois. En attendant les Etats d'Hongrie désirent que la diète qui doit précéder le couronnement soit convoquée pour le mois de Juin. . . .

158) Ebd., zu No. 20. Vienne ce 10 Mars 1790 (Jacobi).

Sire. J'ai vu pour un moment l'homme connu de V. M. Il m'a donné de nouveau les assurances les plus fortes que ses compatriotes resteroient inébranlables dans leur première résolution d'attendre leur salut de la protection de V. M., mais il m'a témoigné de nouveau la plus grande inquiétude sur l'éloignement de l'époque où ses compatriotes pourront se convaincre par le fait dont V. M., dit-il, a daigné lui parler Elle-même n'ont pas été changés depuis. J'entrevis qu'il craignoit que le nouveau Roi ne tâchât de se réconcilier avec V. M., de sorte que ses compatriotes en pourroient être la victime. Au reste il m'a averti qu'on avoit trouvé parmi les papiers de l'Empereur des dépêches du P. de Reuss où celui-ci rendoit un compte détaillé des nouvelles qu'il prétendoit que V. M. avait reçuës de Ses ministres

[161]) Ebd.

. . . Je ne saurois finir sans informer V. M. qu'on a répandu généralement le bruit ici que dans les Etats de V. M. on s'étoit relâché beaucoup des préparatifs de guerre, que les officiers vendoient leurs chevaux et qu'on commençoit à rendre les grains amassés dans les magazins. Je ne saurois donner d'autre explication à ces bruits qui semblent répandus avec affectation, sinon qu'on veut donner à penser par là aux Hongrois lesquels, à ce qu'on dit, donnent encore toujours à entendre qu'ils reclameront la garantie stipulée dans le traité de Vienne de 1606.

Zu No. 26 (Jacobi) vom 31 Mars 1790.

Sire. . . . je mets a Ses pieds mes remerciments les plus respectueux d'avoir accordé ma demande de faire ici conjoinctement avec le C. de Podewils les déclarations que V. M. jugeroit à propos de faire ici. Je ne négligerai pas de faire usage des notions contenuës dans les ordres du 22, et à vuë de pays, les mouvements parmi les troupes en Silésie seront un puissant motif pour fortifier le courage des uns et en inspirer aux autres en Hongrie. On m'a communiqué les représentations de 3 Comitats assemblés à Pest du 1 de ce mois et celles du Comitat de Nitra du 2: elles sont d'une grande énergie . . .

Vienne. 2. 4. 1790 (Jacobi).

. . . Suivant des nouvelles authentiques de la Hongrie, on y parlait hautement dans plusieurs Comitats comme si la pragmatique sanction qui regarde l'ordre de succession de la maison d'Autriche en Hongrie avoit cessé d'avoir force dans ce royaume depuis que feu l'Empereur en avoit bouleversé toutes les loix fondamentales. Le gouvernement dans la vuë de calmer les esprits fait semblant de ne vouloir se mêler en aucune façon des délibérations des Etats hongrois, mais ceux-ci semblent devenir tous les jours plus exigeants et plus animés contre ceux qu'ils supposent avoir favorisé autrefois les vuës de la cour. Un point sur lequel ils sont presque d'accord, c'est d'ouvrir la diète dont le terme est fixé au 7 Juin par la demande que toutes les troupes hongroises qui sont hors du pays soïent rappellés dans leur patrie. J'ai parlé hier à un officier de rang qui revient de l'armée en Hongrie, qui est une ancienne connaissance et à qui je ne puis supposer aucune vuë de vouloir m'imposer. Il m'a assuré . . . (Heeresstärke). Il m'a confirmé d'ailleur, que les congrégations en Hongrie étoient fort turbulentes et qu'on y parle du prochain couronnement comme d'une grâce qu'on fait au nouveau Roi.

No. 37 (Jacobi) vom 8. 5. 1790.

En Hongrie, les différents Comitats font circuler entre eux une instruction, pour en munir les Nonces à la diette. Dans cette instruction on met pour base que, depuis le règne de Marie Thérèse, il y a eu un interrègne et que l'ordre de succession établi par la pragmatique sanction a été interrompu par les infractions sans nombre faites au pacte qui subsiste en Hongrie entre le Souverain et la nation; que par conséquent celle-ci est libre de faire de nouveaux pactes avec un nouveau Roi. . . . Enfin on se propose d'insister avec fermeté que les mêmes garants qui ont signé la pacification de Vienne de l'année 1606 et parmi lesquels se trouvoit un Electeur de Brandebourg soïent invités actuellement à signer de même les pactes qu'on alloit contracter avec le nouveau Roi à la prochaine diète. La cour est informée en partie des pourparlers des comitats sur cet objet, mais elle fait semblant de l'ignorer et tâche sous main de gagner un parti, qui puisse contrebalancer les mécontents.

162) Geh. St.-Arch. Berlin, Rep. 96. (Graf Friedrich Wilhelm von Schlabrendorff.) Nachrichten über Österreich, 10. Mai 1790.

Sire! Mon retour d'Italie m'a fait passer par Vienne. J'y suis arrivé le 4 Mai au soir, et je l'ai quitté le 5. Quoique je ne m'y sois donc arrêté qu'une soirée et une matinée, cependant le nombre de connaissances que j'y ai m'a procuré l'occasion d'apprendre bien d'anecdotes, dont je mets quelques unes aux pieds de Votre Majesté.

. . . . Österreichische Kriegsbereitschaft. Truppenaufstellung. Sendungen von Rekruten aus den Garnisonen zu den Regimentern; dann:

On leur avoit dit, pour les animer contre les Prussiens, que la Prusse soulevoit toutes les puissances étrangères ainsi que les propres sujets contre l'Autriche, et qu'on avoit trouvé chez le Prince Esterhazy et beaucoup d'autres Hongrois, des lettres de Ministres Prussiens, remplies de promesses d'assistance en cas de révolte. . . .

Le hasard m'y a fait rencontrer dans une société un gentilhomme Hongrois, qui se plaignoit amèrement de ce qu'on avoit mené à Vienne et arrêté pendant trois semaines son Cousin, Monsieur d'Usowich, que l'on accusoit d'être en correspondence secrète avec un Ministre Prussien, mais que l'on n'avoit pu le convaincre et qu'il avoit été obligé de payer six florins par jour pendant son séjour à Vienne, sans être indemnisé. Le Comte Sinzendorff l'a examiné lui-même par ordre du Roi, et n'a rien trouvé à sa charge . . .

Je fais gloire d'être . . .

Stolz près de Frankenstein ce 10 May 1790. — Frédéric Guillaume Comte de Schlabrendorff.

163) Zu No. 37 (Jacobi) vom 8. 5. 1790.

Sire. Les détails contenus dans mon rapport d'aujourdhui sur les affaires de Hongrie me viennent de sources. J'ai entre mes mains les instructions qui y sont rélatives. On m'a beaucoup pressé de dire s'il étoit vrai que les préliminaires entre V. M. et le Roi de Hongrie fussent prêts à être signés. Sur ce que j'ai répondu que, suivant mes notions il n'y avoit pas encore pour cela l'ombre d'apparence, on m'a prié de faire connoître à V. M. les désirs des Hongrois, afin que cette signature ne se fit pas au moins avant l'ouverture de la diète en Hongrie.

Je suis . . . Jacobi Klöst.

Apostille zu No. 42 (Jacobi) vom 25. 5. 1790.

Sire. Les Hongrois s'animent de plus en plus à mesure que l'ouverture de la diète, fixée au 8 du mois prochain, s'avance, voyant que le Roi les laisse faire. Ils ont renvoyé des députés au comittée de Galliciens patriotes, établi à Léopol, pour les inviter à faire cause commune avec les Hongrois, aux travaux de la diète de Pest.

Vienne ce 26 May 1790 (Jacobi).

Un certain Hongrois m'a témoigné ces jours une grande peine d'un avis qui s'étoit répandu en Hongrie, que V. M. étoit sur le point de signer les préliminaires avec le Roi de Hongrie. Il m'a demandé si cette nouvelle étoit fondée et si je croyois que V. M. fut encore disposée à leur répondre favorablement si les Hongrois Lui demandoient formellement la garantie de leur ancienne constitution. J'ai répondu que je ne savois absolument rien de préliminaires, que jusqu'ici V. M. avoit donné au Roi d'Hongrie les réponses les plus fermes sur ses ouvertures amicales et que j'étois très persuadé que, si les Hongrois demandoient à V. M. Sa garantie Royale de la constitution Hongroise, une pareille demande seroit accueillie au mieux. On m'a dit là-dessus qu'on étoit encore partagé de sentiments, si l'on devoit d'abord après l'ouverture de la diète envoyer des députés à V. M. pour Lui demander sa garantie, ou si l'on devoit proposer au Roi de Hongrie, comme une condition de son couronnement, de s'adresser lui même à V. M. pour qu'Elle renouvelle l'ancienne garantie des Electeurs de Brandebourg.

Je suis . . . . Jacobi Klöst.

(Von Friedrich Wilhelm II. mit Bleistift darüber geschrieben:)

Il faut qu'il tâche d'entretenir les Hongrois dans ces bonnes dispositions, aussi que je lui en ai écrit par le dernier Courrier. Je serai le 12 à la tête de l'armée en Silesie. Jacobi n'a qu'à le leur dire.

No. 43 (Jacobi), vom 29. 5. 1790.

. . . les Hongrois deviennent tous les jours plus hardis. On parle déjà tout haut en Hongrie sur les principes dont j'ai rendu compte en date du 8 de ce mois. Il y a des Magnats qui ont proposé d'écrire aux propriétaires des régiments hongrois, pour leur demander une déclaration catégorique s'ils étoient du parti de la cour ou de la nation. La cour a voulu envoyer quelques bataillons allemands à Pest, sous prétexte de maintenir l'ordre pendant le couronnement, mais les comitats s'y sont opposés en déclarant nettement qu'ils ne souffriroient pas des troupes étrangères dans le pays pendant des cérémonies qui ne regardoient que la nation. La cour a beau faire semblant de ne pas être en peine de ces sortes de demandes, je sais que plusieurs rapports arrivés cette semaine de Hongrie donnent beaucoup d'inquiétude ici. C'est à la suite de ces avis que la démarche des Hongrois d'inviter les Galliciens à se joindre aux travaux de leur diète a donné ombrage ici. . . .

164) Ebd. Au Baron de Jacobi Klöst à Vienne. Potsdam le 2 de Juin 1790.

Vous ne sauriez mieux faire dans les conjonctures présentes, que de tâcher d'entretenir les Hongrois dans les bonnes dispositions, où suivant votre lettre de 26 du mois dernier de May, ils paroissent être à l'égard de la demande à faire de ma garantie pour la Constitution. Je vous ai déjà écrit par le dernier Courrier dans ce sens, et je le repète par la présente. Au reste je serai le 12 du courant à la tête de l'armée en Silésie, ce que vous pouvez leur insinuer. Sur ce . . .

165) Der Ärger des Fürsten Kaunitz über diese preußische Maßregel kommt in den Worten zum Ausdruck: »Das soll ein Ministerstreich von dem Schurken, dem Hertzberg sein, durch welchen er uns zu embarassiren glaubet.« Kaunitz an Cobenzl, 5. Juni 1790. Hans Schlitter: *Kaunitz, Philipp Cobenzl und Spielmann* S. 54.

166) Vienne le 3 Juin 1790 (Jacobi).

. . . Ils (sc. Les Hongrois) m'assurent que V. M. peut compter sur l'attachement et la reconnaissance de la grande partie de la nation. Je ne les en croirois pas sur leur parole si de bonnes lettres de Hongrie ne confirmoient ces assurances. On s'occupe actuellement dans plusieurs comitats des moyens de rendre la couronne élective; ils m'ont dit cependant qu'il faudroit bien qu'ils se relâchent de leur ardeur si V. M. restoit en paix, mais ils sont résolus, disent-ils, si la guerre a lieu, de susciter bien des embarras au Roi. . . .

Zu No. 49 (Jacobi) vom 23. 6. 1790. 1. Ein Bericht über den ungarischen Landtag in deutscher Sprache. 2. Der Eid des Königs. 3. folgendes Schreiben.

Vienne ce 23. Juin 1790.

Sire. Quoique l'homme de confiance ne soit pas dans ce moment ici parce qu'il est empi (employé?) à la Diète à Bude, je puis pourtant assurer V. M. que jusqu'à présent le parti qui tient pour le renouvellement de la garantie stipulée dans la pacification de Vienne de 1606 conserve une prépondérance décidée. De ce nombre est toute la petite noblesse dite: Ritter-Tafel. Par la relation allemande jointe à mon rapport d'aujourdhui, il conste, qu'elle l'a emporté jusqu'ici sur la table des Magnats à l'égard de plusieurs points d'importance. On m'a fait les protestations les plus fortes, qu'on feroit la proposition de la garantie Prussienne, quand même les négociations en Silesie qu'on dit aux Hongrois être un Congrès de pacification, pourroient finir par un accommodement avec le Roi d'Hongrie. Voilà ce qu'on m'a promis, reste à voir, si dans le cas que la paix se fit, on tiendra bon; mais je ne doute pas un moment, qu'aussitôt qu'il y auroit un éclat, la Diète de Hongrie ne procède à faire des propositions tendentes à diminuer d'une manière très notable l'autorité royale en Hongrie.

. . . Jacobi Klöst.

167) Ebd., Reichenbachakten. Depesche Jacobis. Vienne ce 12 Juin 1790.

. . . Les Hongrois se trouvent dans les meilleurs dispositions possibles pour demander la garantie de leur constitution à V. M. Jusqu'à Mercredi prochain je pourrai savoir peut-être s'ils croient pouvoir trouver moyen de dépêcher pour cet effet quelqu'un des leurs vers V. M., mais ils vont incessamment en faire la proposition à la diète. On est instruit ici et j'ai lieu de croire qu'à côté de tant d'autres motifs, ceci en est un de la grande flexibilité que je remarque depuis trois jours ici . . . .

Depesche Jacobis. Vienne ce 26 Juin 1790.

Sire. Le gentilhomme Hongrois que V. M. connoit [1]) étant actuellement à Bude il m'a envoyé hier un compatriote que je connoissois déjà; c'étoit pour me faire savoir que la proposition de la garantie de V. M. avoit déjà été communiquée à la plupart des Nonces, qu'on l'avoit reçue avec plaisir et que dans le courant de la semaine prochaine, on en feroit la proposition à la diète, mais, a dit le susdit compatriote, que deviendrons-nous, si le Roi d'Hongrie fait sa paix au congrès de Silésie? Si l'on nous abandonne, nous serons exposés à tout le ressentiment du Roi d'Hongrie. Je lui ai répondu que tout dépendoit à présent de leur fermeté, que V. M. estimoit trop la nation Hongroise pour ne pas faire tout ce qui dépend d'Elle pour répondre à sa confiance, mais qu'il étoit absolument nécessaire que la diète assemblée en fit la demande solemnelle à V. M. et qu'alors tout seroit bientôt réglé, qu'au reste le Roi de Hongrie avoit envoyé quelqu'un en Silesie pour faire des propositions d'accommodement, lesquelles on m'avoit aussi communiquées ici, que je pouvois garantir que sous ces conditions V. M. ne s'accommoderoit jamais avec la cour de Vienne.

---

1) Bek.

Mon homme m'a fait ici toute une dissertation sur les avantages que V. M. retireroit de la garantie de la constitution Hongroise parce qu'en s'assurant ainsi la reconnoissance de la nation, Elle auroit, pour ainsi dire, enchaîné la moitié des forces autrichiennes. Il m'a prié aussi d'assurer V. M. que les Hongrois n'accorderoient sûrement pas dans cette guerre des troupes contre la Prusse. Il m'a donné à entendre que dans le cas que les troupes Prussiennes veuillent faire une irruption en Hongrie par la Gallicie, il faudroit répandre par des billets en langue Hongroise et par des propos de bouche que V. M. ne fesoit marcher vers la Hongrie que pour assurer une constitution. Il m'a assuré que parmi les troupes hongroises en Galicie, il y avoit nombre d'officiers hongrois patriotes, faciles à captiver par des bonnes paroles. Au reste j'ai esquivé de lui répondre catégoriquement sur ses questions pressantes s'il y avoit de l'espérance pour la guerre. Cependant je lui ai laissé entrevoir que l'accommodement était encore bien loin d'être conclu et que, quand même V. M. pourroit s'entendre en son particulier avec le Roi de Hongrie, il étoit cependant à prévoir qu'un pareil accommodement ne seroit solide qu'après une pacification générale . . .

Je suis . . . Jacobi Klöst.

(Auch in einem Interzept im Wiener Staatsarchiv.)

[168]) Ebd. Déchiffrement d'une Dépêche du B. de Jacobi à Vienne du 7 Juillet 1790. Apost. zu der Depesche vom 6. Juli 1790.

. . . En attendant je crois de mon devoir de ne pas dissimuler à V. M. que suivant la connaissance que j'ai de la situation actuelle des affaires en cette Cour, il me paroit impossible que le Roi d'Hongrie puisse se refuser d'admettre la garantie de V. M. pour la Constitution Hongroise, aussitôt qu'elle voudra insister sur le terme peremptoire. Car il est hors de toute possibilité, que ce Souverain fasse une guerre vigoureuse à V. M. sans avoir la Hongrie à sa disposition. Peut-être qu'il seroit faisable de dire même avant la signature des préliminaires au P^ce^ Reuss que V. M. sachant par les nouvelles publiques les Hongrois désirent fortement le renouvellement de la garantie Prussienne de leur Constitution stipulée par le Traité de Vienne de 1606, Elle espéroit que le Roi d'Hongrie y trouveroit d'autant moins à redire que cette stipulation ne seroit qu'un renouvellement de l'ancienne garantie; et nécessaire pour procurer des sûretés à cette nation pour le cas qu'il y eut encore des Rois d'Hongrie comme Joseph II. J'implore l'indulgence de V. M. si Elle trouve que je m'explique avec trop de franchise. . . .

[169]) Ebd., Hertzberg an Friedrich Wilhelm II. vom 9. 7. 1790.

J'ai l'honneur d'envoyer à Votre Majesté le déchiffrement des deux dépêches, qui viennent d'arriver ici, de la part du Sr de Jacobi, en date du 6. . . . .

. . . La seconde dépêche roule sur les dispositions des Hongrois, et sur un entretien, que le Baron de Jacobi a eu avec un Magnat de cette nation. Il me semble, que Votre Majesté peut en tirer parti, soit que la paix se fasse bientôt, ou non. Si la Cour de Vienne n'accepte pas dans sa première réponse simplement nos préliminaires, et qu'elle veut continuer à négocier, Votre Majesté pourroit ajouter à la demande, qu'Elle à faite pour les Pays-Bas, celle de demander une amnistie plenière pour tous les sujets Autrichiens, qui avoient été soubçonnés de mécontentement, et la garantie de l'ancienne constitution des Pays-bas et de l'Hongrie, surtout si la Nation Hongroise reclamoit publiquement la garantie du Souverain et des Etats de Silésie, non en s'adressant directement à Votre Majesté, mais par une déclaration qu'ils adresseroient au Roi d'Hongrie leur souverain. Si Votre Majesté approuvoit ces idées, je pourrois instruire en conséquence le S[r]. de Jacobi, et l'authoriser d'en informer les Hongrois confidents et bien intentionnés et de les assurer de la protection de Votre Majesté, en cas de paix ou de guerre. Ce sont des pensées qui me sont venues à la lecture des deux susdites dépêches du S. de Jacobi, desquelles le Marquis de Lucchesini m'a paru être d'accord, et que je soumets aux lumières et aux Volontés superieures de Votre Majesté.

Reichenbach le 9 Juillet 1790. Hertzberg.

169a) Ebd., Brief des Königs an Jacobi vom 13. Juli 1790.

170) Ebd., Hertzberg an Friedrich Wilhelm II. vom 11. 7. 1790.

. . . Si les Autrichiens demandent la moindre modification à nos propositions conciliatoires, ce qu'ils ne manqueront pas de faire, quand ce ne seroit que pour les importantes salines de Wiliczka, il ne sera pas difficile de ramener la négociation au status quo avant la guerre et même sans accorder à la Cour de Vienne aucune extension sous le prétexte de status quo matériel; en quoi Votre Majesté sera fortement soutenue par la Cour d'Angleterre; mais elle ne le sera pas pour la garantie de la Constitution Hongroise. Je prévois, que si Votre Majesté fait une conditio sine qua non de cette garantie, Elle aura la guerre, parce qu'on dira que le Roi d'Hongrie ne peut pas l'accorder sans déshonneur; que c'est une ancienne stipulation éteinte par le non-usage de deux siècles, et laquelle, si on vouloit la faire revivre, donneroit au Roi d'Hongrie le même titre de se mêler des affaires de la Silesie Prussienne et de vouloir être le garant de la Constitution de ce pays. Votre Majesté obtiendra plus facilement la garantie de la

Constitution Belgique, le Cercle de Bourgogne, faisant parti de l'Empire et le Sr Ewart assure, que sa Cour la soutiendroit à cet égard. . . .

[171]) Ebd., Hertzberg an Friedrich Wilhelm, vom 27. 7. 1790.

. . . Les ministres autrichiens ont décliné la garantie de Votre Majesté (für die Niederlande), de crainte que les Hongrois la demanderoient aussi.

[172]) Ebd., Schreiben des Königs an Hertzberg vom 12. Juli.

Quant aux Hongrois, je ne sais d'où Vous prenez que je veux faire de leur garantie une condition sine qua non. Il s'entend avant toute chose qu'ils me demandent eux-mêmes cette garantie, ce qu'ils ont voulu faire le 14 prochain et alors il y aura lieu moyen d'en glisser quelque chose aux ministres Autrichiens d'une manière modérée. — Hertzberg an den König am 12. Juli 1790.

Si j'ai pris la liberté d'ouvrir mes idées sur la garantie de la constitution hongroise, c'est que V. M.-té m'avait ordonné d'en faire la proposition au prince Reuss et qu'on ne peut aisément revenir d'une proposition qu'on a une fois faite officiellement.

Geh. St.-Arch. Berlin. Reichenbachakten. Rep. 96, 154. Vgl. Leop. v. Ranke, *Sämtliche Werke* 31—32, S. 550 f.

[172]) Ebd. Eigenhändiger Brief an Jacobi. Au Quartier général de Schönwalde le 13. Juillet. (Konzept.)

. . . Quant à la garantie que les Hongrois paroissent disposés à me demander de leurs privilèges en renouvellant celle qu'un Marggrave de Brandebourg Duc de Jaegersdorff donna à l'Hongrie l'an 1606, j'attends que les Hongrois en fassent la proposition au Roi d'Hongrie et la faisant connoitre par la voie de l'impression, afinque je puisse dire avec vérité, que les nouvelles publiques m'avoient averti de ce désir des Hongrois, auquel effectivement je trouve trop mon intérêt pour ne pas m'y prêter en les faisant proposer en son temps à Sa Majesté Apostolique.

Au reste la crainte du magnat Hongrois dont vous me parlez dans votre apostille du 7 de ce mois, d'une signature précipitée des préliminaires de paix, se sera évanouie par le fait, et ses amis auront eu le temps de prendre les résolutions dont vous m'avez prévenu. . .

[173]) Ebd., Apost. ad Rel. Vienne ce 6 Juillet 1790 (Jacobi).

Sire. Les affaires d'Hongrie vont exactement le même train, comme j'ai eu l'honneur d'en informer V. M. par plusieurs de mes rapports précédents. Les états délibèrent sur la garantie de leur constitution qu'ils veulent proposer au Roi d'Hongrie, en conséquence du Traité de 1606, qu'un Marggrave de Brandebourg a garanti alors. Ils ont été presque unanimement d'accord à ce sujet et leur résolution ne sera bientôt plus un mystère. Ils la feront imprimer dans leurs actes diétales. En attendant ils sont dans une grande inquiétude pour savoir, si V. M. pourroit être portée à entrer avec vigueur dans leurs vuës. Un magnat [1]) qui est à la tête de l'association, qui prend beaucoup de confiance dans la bonne volonté de V. M. à cet égard est venu expressement de Bude, pour me demander mon avis à ce sujet. Il m'a dit que le Roi d'Hongrie avoit fait appeler samedi passé le Gr. Chanc. d'Hongrie, qui réside ici et qui est du parti de la Cour pour lui dire, que la paix étoit presque sûre avec V. M., qu'il comptoit donc s'occuper sérieusement des affaires d'Hongrie, qu'il ne pouvoit que désaprouver, que les Magnats avoient prêtés le serment connu que j'ai envoyé à V. M., que c'étoient des têtes chaudes, qui ne savoient pas ce qu'ils vouloient; . . . . (ähnlich wie in den übrigen Berichten) . . . Ce Magnat m'a dit encore, qu'on savoit que V. M. négocioit pour faire céder une partie de la Gallicie à la Pologne, que la Gallicie appartenoit notoirement à la Hongrie, que les Hongrois y seroient moins contraires, si une pareille cession étoit à l'avantage de V. M., mais qu'il falloit reflêchir si le Roi d'H. ne se serviroit pas de cette circonstance pour dire que les Hongrois ne vouloient pas consentir à ce démembrement. Le susdit Magnat a ajouté, que par conséquent l'intérêt même de V. M. exigeoit, que la nation Hongroise sanctionnât cette cession. Il m'a encore donné à considérer les avantages que V. M. retireroit de la protection qu'elle accorderoit à la Hongrie, parce qu'Elle pourroit compter alors, que ce vaste et riche Royaume ne donneroit jamais contre la Prusse ni de l'argent ni des récruës, ou des fourages; je me suis borné à répondre à tout cela que je savois que V. M. portoit une affection particulière à la nation hongroise; que j'ignorois cependant, jusqu' où V. M. prendroit fait et cause pour la nation si Elle lui demandoit la garantie de sa Constitution, et que le Roi d' Hongrie vouloit châtier les Hongrois à cause de cette demande; que pour s'assurer des vraies intentions de V. M. les Hongrois ne pourroient mieux faire que de tirer directement de V. M. ses résolutions sur ce sujet important; que quant à la paix qu'on disoit ici être sûre avec la Prusse, je n'en savois rien, quoique V. M. m'eut mis au fait jusqu'ici des négociations de Reichenbach; et que quand même les Préliminaires seroient signés, ce ne serait encore que la base pour une paix générale, dont les négociations ne pouvoient que souffrir encore bien de délai; le susdit magnat m'a dit là-dessus, qu'il croyoit pouvoir porter les associés à envoyer quelqu'un à V. M. avec la demande de la garantie;

---

[1]) Franz Batthyány.

que jusqu'au 11 du courant il me feroit savoir plus de nouvelles à ce sujet, pourvû que jusqu'alors les préliminaires ne fussent pas signés; c'est ça Sire! la substance de la conversation que j'ai eûe avec le magnat en question; en faisant un rapport fidèle de tout ce que ci-dessus à V. M. je la supplie de me prescrire les termes, dans lesquels j'aurai à répondre aux Hongrois, qui me parleront encore dans la suite de cet objet.

Hierzu eine Kopie des abgefangenen Berichtes: Wien, St.-Arch., Ungarn Pr. B. Fasz. 4, No. 7. »Copia von verschiedenen Briefen des Preußischen Gesandten Baron Jacobi über die Angelegenheiten in Ungarn, welche die Complotte beweisen, die allda geschmiedet wurden.«

Mit der Bemerkung: »dalle combinar il soggetto ero Franco Bathyani 2° capitano dei palatinali banderialisti testa della cattiva unita.«

174) Ebd. Zu No. 53 (Jacobi). Vienne ce 3 Juillet 1790.

Sire. Les particularités sur les affaires de Hongrie, dont je fais mention dans mon très humble rapport d'aujourd'hui m'ont été fournies par la source connue de V. Mté. L'homme de confiance pense que vers la fin de la semaine prochaine le Diplome inaugural sera porté par des députés ici. Il me presse d'une manière que je ne sais presque plus comment me défendre contre ses inquiétudes, afinque je lui dise, si, dans le cas que les négociacions du Congrés eussent du succès, V. Mté n'abandonnerait pourtant pas les Hongrois à leur sort. Je l'ai rassuré de mon mieux et de la même manière comme j'ai dit dans mon précédant rapport du 26 Juin, en l'exhortant en outre de faire en sorte que les demandes des Etats soient proposées au Roi d'Hongrie le plutôt le mieux. Il m'a dit qu'il ne manqueroit pas de presser ses compatriotes à cet égard, et que dans la huitaine tout seroit en ordre.

175) Ebd. No. 53 (Jacobi), vom 3. 7. 1790.

. . . . en Hongrie les délibérations de la Diète sont telles, que S. M.A. ne peut plus douter, qu'elle ne pourra d'aucune façon compter sur cette nation si guerre venoit à éclater. On se dit en oreille, et j'ai lieu de croire, que la nouvelle est très fondée que les États de ce Royaume ont déjà pris le parti définitif de proposer au Roi d'Hongrie entre autres articles très durs, la garantie de leur constitution par V. M. . . . . (Die bekannten Forderungen der Ungarn.) Ces démarches et d'autres de cette nature ne peuvent qu'alarmer la Cour de Vienne, et porteront S. M. à tâcher de convenir le plutôt le mieux, une base pour un armistice, dans l'espérance que les Hongrois deviendront alors plus traitables . . .

Apost. ad Rel. No. 51 (Jacobi). Vienne ce 30 Juin 1790.

. . . En Hongrie, les choses vont de mal en pis pour la cour. . . D'ailleurs on parle partout dans les sociétés à Bude de vouloir réclamer la garantie de V. M. pour la constitution Hongroise. Cet objet sera mis incessamment en délibération à la diète assemblée. J'ai fait part aux personnes, dont je connois les sentiments que V. M. avoit envoyé un courrier à Constantinople avec la ratification du dernier traité d'alliance avec la Porte. Cette nouvelle a été reçue avec beaucoup de plaisir. . .

Ci-joint la Rélation touchant la cinquième et la sixième Séance de la Diète en Hongrie. (In deutscher Sprache, 3 Fol.-S.)

(Jacobi) vom 12. 7. 1790.

. . . (Inauguraldiplom.) Il s'y trouvera surtout un article, qui a encore plus choqué le Roi, que la garantie de V. Mté; c'est . . (Rückberufung der ungarischen Truppen aus den übrigen Landesteilen) et que la paix soit faite avec la Porte et maintenuë avec V. Mté . . . .

Apost. 1, vom 24. 7. 1790 (Jacobi).

. . . La garantie de la Prusse n'y est pas encore énoncée en termes propres, mais en réclamant dans l'article 21 le Traité connu de 1606. . .

[176]) Geh. St.-Arch. Berlin, Reichenbachakten. Eine Kopie davon im Wiener Staatsarchiv. (Copie d'un Paragraphe de Lettre écrite par le Colonel Lusi au Roi de Prusse et expediée le 28 Juillet 1790 par Estaffette.)

. . . quelles que soient les dispositions des Autrichiens je ne crois pas que l'on puisse imaginer une position plus brillante et plus gloirieuse que celle où V. M. se trouve. S'ils reculent sur les conditions qu'ils ont mises au status quo V. M. recueille en même temps la gloire, et une influence à laquelle rien n'a pu résister, et d'une modération sans exemple; si Elle est contrainte à tirer l'épée, quelle guerre à jamais commencée sous des auspices plus heureuses? Le Bon Jacobi a instruit V. M. des dispositions des Hongrois, et des dernières démarches, par lesquelles ils justifient si bien les rapports, et les prédictions de ce Ministre éclairé, ce ne sont plus quelques individus remuants et inquiets, c'est une nation entière, une nation belliqueuse, puissante, qui élève la voix contre son Souverain. Le throne Autrichien est ébranlé jusque dans les fondements, et V. M. tient entre ses mains une des premières Monarchies de l'Europe, mais si l'humanité du meilleur des Rois, si son amour paternel pour ses sujets lui fesoient préférer la paix, si V. M. vouloit accepter les conditions mises par la Cour de Vienne au Status Quo, je soumets à sa haute sagesse, si Elle voudra me donner au sujet des Hongrois des instructions nouvelles et plus particulières . . .

Zu Lusis Durchreise durch Ungarn vgl.: No. 59. Vienne ce 28 Juillet 1790. (Jacobi).

P. S. Je viens d'apprendre de très bonne part, qu'on ne laissera pas voyager seul le Comte de Lusi par la Hongrie, mais qu'on le fera accompagner par un officier sous prétexte de le conduire.

Copia.

Sacrae Hungriae Apostolicae Bohemiaeque Regiae Majestatis Leopoldi secundi etc. etc.

praesentium Exhibitori et Magnifico Domino Comiti Lusi Serenissimi Regis Borussiae Colonello et Ministro, qui hinc in commissis praefatae Regiae Suae Majestatis ad Portam Ottomanicam, per Sopronium, Quinque Ecclesias, Essecium et Petrovaradinum ad Praetorium Regii Exercitus sub principe a Cobourg et inde in Turcicum Imperium ad Castra Magni Visirii cum famulitio suo proficiscitur, hae litterae patentes traditae sunt etc.

Vienne die 2do Augusti 1790

Henr. gub. LBd Collenbach.

(Dabei:)

Kopie der Vorstellung der Ungar. Stände vom 20. Juli 1790. (Fordert Zuziehung zu den Friedensverhandlungen.)

(Beilage:)

Resolution Sr. Königl. Apost. Mt. auf verschiedene von den Ständen des Königreichs Ungarn vorgetragene Anliegen etc.

(Die Anliegen sind verfassungsrechtlich nicht begründet.)

176a) Hertzbergs Unzufriedenheit zeigt sich in einem Briefe an César: Breslau, den 10. August 1790.

Je trouve, que cette paix est plus favorable pour l'Autriche que pour la Prusse. Celle-ci perd tous les frais d'une campagne (= die Mobilisierung) et toute espérance de consolidation pendant qu'elle rende à l'Autriche trois royaumes, la Galiczie, la Hongrie et la Belge qu'elle était presque sûre de perdre dans le cas d'une guerre.

Berlin Geh. St.-Arch. Rep. 92. Nr. 6. Césars Nachlaß.

Vgl. Leopolds Urteil über den Frieden unten, Anm. 180.

177) Wiener St-.Arch., Jacobiinterzepte.

Copie de Lettre écrite par Jacobi à Herzberg par Estaffette. Le 28 de Juillet 1790.

(Der erste Teil behandelt das als Episode in den Verhandlungen auftauchende Projekt einer Abtretung Österreichisch-Schlesiens an Preußen.)

. . . quant aux preuves juridiques que les Ministres Autrichiens ont dit aux Ministres maritimes d'avoir en main pour prouver que le Roi faisoit exciter les Hongrois et les Galliciens à la rébellion, je n'ai rien sur ma conscience à cet égard, et je défie l'univers entier de prouver le contraire. Pour ce qui regarde la Garantie de la Constitution Hongroise, c'est un article qui semble beaucoup intéresser S. M.; je me borne à rendre compte dans mes rapports de la vraie situation des choses, et V. E. aura vu par mes rapports que je n'ai pas avancé la moindre circonstance qui jusqu'ici ne se soit exactement vérifiée.

178) Geh. St.-Arch. Berlin (Podewils Brief) vom 21. 8. 1790. (Bittet um Übersendung einer neuen Chiffre.) Celui dont je vais me servir le mois prochain, dure déjà un an et demi. Par cette raison il commence à devenir équivoque, puisqu'on a singu-

lièrement ici le talent de deviner les chiffres pour peu qu'il dure: une étude particulière, à laquelle les Autrichiens employent à grands fraix des prétendus experts.

179) Ebd., No. 56 (Jacobi) vom 17. 7. 1790.

L'ordinaire d'hier m'a apporté les ordres de Votre Majesté du 12 de ce mois avec une apostille de mains propres, par laquelle Elle daigne me prévenir, qu'Elle m'informeroit incessamment du parti, qu' Elle aura pris dans les négociations actuelles, en ajoutant, qu'il ne faloit pas négliger aussi important, que celui dont il est question dans mes rapports du 6. de ce mois (soweit unchiffriert). Ce point (die Garantie) est actuellement l'objet des discussions les plus sérieuses des 4 Cercles dans lesquels la Hongrie se subdivise pendant les Diètes, à l'effet de raccourcir les délibérations et d'en fixer plus sûrement les résultats. Un Hongrois qui désire vivement la garantie de V. Mté, m'a dit encore mercredi au soir, que les quatre susdits Cercles étoient d'accord à cet égard, à l'exception du haut Clergé, qui avait voté pour la négative; qu'il fallait voir actuellement quel seroit le résultat du plenum, dans lequel ce point seroit proposé, pour en venir à une décision finale. Il m'a dit encore, que les affaires de réligion donnaient beau jeu aux créatures de la Cour de Vienne, pour mettre la division et la zizanie entre les Nonces; que le Roi d'Hongrie pour fortifier son parti, avoit accordé voix et séance aux Evêques de la Réligion Grecque en Transylvanie, que tout cela ne feroit cependant pas changer d'idée à l'association formée, pour proposer au Roi d'Hongrie la garantie; mais qu'on prévoyoit que si la paix était aussi sûre, que le Sr Herbart en passant par la Hongrie l'avoit dit partout, qu'alors les bien-intentionnés deviendroient plus timides. Je lui ai répondu là-dessus dans les mêmes expressions, dont j'ai déjà rendu compte précédemment à V. Mté. Il m'a donné à entendre, que pour choquer encore moins le Roi d'Hongrie, on proposeroit la garantie des Puissances actuellement belligérantes, où prêtes à le devenir, savoir: la Porte, la Prusse et la Pologne. Je lui ai répondu dès lors, quoiqu'en termes vagues, que je supposois que V. M. laisseroit pleine liberté à cet égard aux Hongrois; et comme je vois à présent par les ordres de V. M. au Sr de Knobelsdorff du 13 de ce mois, qu'Elle a eu Elle-même cette idée, je ne manquerai pas de parler en conséquence aux Hongrois aussitôt qu'ils m'en parleront, ce qui je crois arrivera au premier jour . .

Zu No. 56. (Jacobi.) Vienne ce 20. Juillet 1790.

. . . Un Hongrois vient de m'assurer que jusqu'à présent l'association portée pour la garantie de Votre Majesté étoit très résoluë de ne pas s'en désister. Parce que je lui ai assuré que Votre Majesté sentoit le prix de cette garantie, il m'a donné un écrit en Latin, qui contenait les principes sur lesquels doit agir la députation qui s'occupera du diplome inaugural. Cet écrit renferme exactement les points dont j'ai fait mention dans mes précédentes, et dont la teneur ne pourra qu'embarrasser infiniment le Roi d'Hongrie. Pour que les Hongrois ne soient trop effarouchés, si un Officier Prussien, porteur de la proposition d'un armistice avec la Porte, passoit par Hongrie, je leur ai fait part en gros des termes de la négociation, en tant que cela étoit nécessaire pour les tranquilliser. L'Hongrois susdit me dit que cet envoyé feroit sûrement une très grande impression en Hongrie. Cependant il m'a paru être rassuré, lorsque je lui ai dit, que la paix n'étoit pas faite pour cela, et qu'il faudroit toujours encore un congrès, où les points les plus importants seroient réglés. Il m'à questionné beaucoup sur le sort des Belges. Je l'ai assuré, que ni Votre Majesté, ni les Puissances maritimes ne souffriroient jamais que la Cour de Vienne en fasse la conquête.

Je suis . . . Jacobi Klöst.

Zu No. 60. (Jacobi.) 31. 7. 1790.

. . . Les dernières lettres de Hongrie disent aussi, qu'on assûre à Bude que la paix est une affaire arrangée. On prétend même que V. M[té] n'assistera pas les Belges. . .

Auch diese Berichte Jacobis wurden in Wien abgefaßt und kopiert. Im Wiener Staatsarchiv finden sie sich in einer Hülle, deren Vorderseite die interessante Aufschrift trägt:

Lettere del Barone Jacobi al Rè sugli affari di Ungheria — da quella del 6 Luglio ove è questione di sessione avate con un Magnate la sera avanti che due esser capo dell' associazone, e si è saputo, che è stato Franco Esterhazy figlio del Cancelliere morto unitamente ai fratelli Carlo, Franco e Giuseppe Bathiani, Michelo Staray i due Orsi, e l'Exgesuitai N. N. Sono i capi di quel complotto, il che tanto piu combino che il med. anni sono fa a Berlino.

del 26. Giug. 6. e 17. Luglio.

180) Leopold schreibt am 9. August 1790 an seine Schwester Marie Christine:

. . . . Cette paix, que nous devrons faire ainsi et qui de toutes les paix possibles dans le moment présent est la moins mauvaise, nous la devons à la mauvaise foi et aux intrigues des Hongrois, qui, constamment en correspondance avec le roi de Prusse, l'informaient de tout, menaçaient une révolte générale, s'armaient et ont fait tout leur possible pour déstruir de fond en comble la monarchie.

Adam Wolf: *Leopold II. und Marie Christine; ihr Briefwechsel* S. 189.

181) Geh. St.-Arch. Berlin, Rep. 96, 144 L. No. 66 (Podewils) vom 18. 8. 1790. (Verhandlungen im ungarischen Landtag.)

. . . Le lendemain 12. est arrivé à Bude la nouvelle que le colonel

Comte Festetitz, qui doit avoir (fait?) prêter serment aux soldats sous ses ordres, à la nation, et autres officiers tous gentilhommes Hongrois, avoient été mis aux arrêts par ordre du Gouvernement Autrichien pour être jugés par le Conseil de Guerre à Vienne. Cette nouvelle, et en même temps le bruit destitué de fondement, mais généralement accrédité à Bude, que le Roi fesoit marcher 30 m. hommes de trouppes Allemandes en Hongrie, a causé une allarme générale et ranimé l'enthousiasme des patriotes.

Zu No. 67 (Jacobi) vom 23. 8. 1790. (Forderung, die Offiziere wieder einzusetzen. Tumultszenen.)

. . . Pour ce qui regarde les affaires de Hongrie, la cour se propose d'intimider la Nation, en fesant semblant de vouloir former un camp de trouppes près de Pest, et en montrant au reste beaucoup de fermeté . . . .

P. S. I^ier ad Rel. No. 67. Vienne ce 21 Août 1790.

. . . (Forderungen des ungarischen Landtags.) L'affaire du Cte de Festetitz n'est pas encore finie. Il avoit déjà été relâché sur les instances de la Diète, mais il a été de nouveau emprisonné. Le Roi d'Hongrie lui fera faire son procès et il a promis d'en envoyer les autres à la Diette. Les autres officiers arrêtés ont été relâchés.

182) Ebd. (Jacobi) vom 27. 7. 1790.

. . . Si selon les ordres du 20 Votre Majesté a jugé alors qu'il étoit fort douteux, que dans la situation présente des affaires, les Hongrois osent proposer sa garantie à la Diète de Bude, Vous aurez été informé, Sire! (par mon très humble rapport en date du 24 de ce mois) que la proposition de cette garantie a déjà effectivement été l'objet des délibérations très sérieuses de tous les Cercles. Il est vrai, que par ménagement pour le Roi de Hongrie, on n'a pas voulu nommer la Prusse toute seule, de sorte que cette proposition de garantie n'a été mise en déliberation que (sous) dans des termes généraux, en parlant du traité de 1606 et outre de la garantie de tous les Princes d'Allemagne. Actuellement les Hongrois sont déjà allés plus loin: ils ont porté leur vœu à l'égard de la garantie de leur Constitution à la connaissance immédiate de S. M. Apostolique, mais encore dans cette démarche ils ont usé de la prudence, de ne pas nommer la Prusse, ni aucune autre Puissance. Ce souverain a rompu le premier la glace, en disant, qu'il leur donneroit toutes les sûretés possibles touchant l'observation de leurs lois fondamentales, mais qu'il ne pouvoit pas admettre que la Prusse en soit la garante. Cette déclaration n'a pas intimidé les Hongrois. J'ai lieu de croire, que dans le Diplôme inaugural, il n'en sera pas moins fait mention de la garantie du Traité de 1606 en exigeant de plus celle de tout l'Empire d'Allemagne. J'ai fait mention aussi dans mon rapport du 24 d'une représentation que la Diette avoit envoyée ici par des (un) exprès; cette pièce très remarquable se trouve ci-jointe. La Diète y supplie a S. M. Hongroise, de consentir que la nation puisse envoyer des Plénipotentaires au Congrès de la pacification générale. Cette demande est appuyée sur diverses lois du royaume, citées dans la représentation. . . . .

183) Ebd., (Jacobi) Vienne ce 16. Sept. 1790. Brief, unchiffr.

. . . L'homme de confiance qui a mis les hommages aux pieds de Votre Majesté à Potsdam, m'est venu voir hier pour me dire, qu'il reconnoissoit que c'étoit la propre faute de ses compatriotes d'avoir négligé à une occasion précieuse et unique pour consolider leur bonheur par l'intervention de la Cour de Berlin. Il m'a assuré, que les députés Hongrois bien loin d'avoir le pleinpouvoir d'arranger le Diplome inaugural suivant les désirs du Roi d'Hongrie, avoient au contraire les mains fort liées qu'ils ne pouvoient que rendre compte aux États de la réponse de ce Souverain à l'égard du diplôme en question. J'en joins ici la substance que j'ai traduit en Allemand, et par laquelle Votre Majesté verra que les États d'Hongrie n'ont pas encore cédé entièrement, comme on l'a répandu généralement (la réserve, de pouvoir refuser l'obéïssance au Souverain) . . Il faudra une grande adresse pour y rétablir la confiance. J'ai demandé à l'homme en question pourquoi on avoit abandonné la Garantie de 1606. Il m'a répondu: que le parti de la Cour avoit si bien manœuvré, qu'on avait regardé à la diète cette proposition comme un crime de Lèse-Majesté. Les Hongrois mettent leur unique espérance dans la difficulté qu' apporteront les Turcs à la Paix générale. L'homme de confiance m'a dit encore, que le B. Spielmann, pour décourager les députés, leur avoit fait la fausse confidence, que le C. Hertzberg lui avoit montré à Reichenbach les représentations, que les Hongrois mécontents avoient présentées à Votre Majesté. Je l'ai rassuré de mon mieux sur ce point, d'autant plus, que de ma science, il n'en existe pas, où il y ait une seule signature. Il m'a encore confié, que le Roi d'Hongrie, sans doute pour intimider les mécontents, avait ordonné au Chancelier, par un billet de mains propres, de faire agir le Fisc royal contre ceux qui étoient soupçonnés, d'avoir entretien des correspondences illicites. Le Fisc a été effectivement excité. Mais ayant demandé les documents en forme probante, pour cet effet, il n'a pas reçu de réponse. . .

Je suis . . . Jacobi Klöst.

Auszug aus dem ungarischen Inaugural-Diplom (7 Folios.) Vienne ce 22 Sept. 1790 (Jacobi). Brief, chiffr.

... Deux personnes qui se sont données pour Officiers Prussiens, munis de passeports qu'on a jugé être faux, ont été tout nouvellement arrêtées à Buda, et viennent dê'tre transportés ici, pour être interrogées. Les Hongrois mécontents sont furieux de la fermeté du Roi. Ils voudraient encourir un éclat, mais ce sera peines perduës.

[184]) Abgefaßtes Schreiben Jacobis im Wiener Staatsarchiv.

Jacobi à Bischofswerder par estafette à 11 heures du soir. Vienne le 28 Juillet 1790.

Le Comte de Lusi m'a apportée une lettre marquée sur le couvert par une croix, qui venoit, à ce qu'il disoit, de la part de Hompesch; il a ajouté, qu'il étoit chargé de me dire, que je pouvois l'ouvrir et la lire; l'ayant donc ouverte, j'ai trouvé un passage, où l'auteur dit, que si l'on vouloit lui envoyer une réponse, qu'on me la remette, que je la ferois parvenir à sa destination, qu'il lisoit mes dépêches, et savoit que j'étois l'ami des Hongrois; on nomme d'ailleurs M^r d'Herzberg et M^r d'Ewart comme des personnes contraires aux vues de la nation hongroise; vous sentez, M^r, mieux que je ne saurois vous le dire, de quelle conséquence préjudiciable il seroit pour le service du Roi, qu'une pareille lettre tombât dans des mains étrangères, par cette raison je me flatte, que vous trouverez bon que je ne la remette si non en mains propres de celui, auquel elle est destinée, ce que je ferai aussitôt, que l'occasion se présentera pour cet effet, en y effaçant toute fois mon nom.

[185]) Geh. St.-Arch. Berlin, Rep. 96, 154 L. Postscriptum 2 ad Relat. No. 67. Ce 21 d'aout 1790.

Sire. Il paroit selon le contenu de mon très humble rapport d'aujourd'hui, que toutes les insinuations, que le Sr. de Hompesch pourroit encore vouloir faire de bouche en Hongrie seroient trop tard, le pacte inaugural étant une fois rédigé, la nation ne peut plus rien demander au dela que par supplications. On m'a assuré ce matin, quoique pas de ma source ordinaire, qu'on demanderoit la garantie de V. M. sous la dénomination ou de l'Empire ou en conséquence du traité de 1606: si cette demande se fait effectivement, alors il faudra voir, ce qu'on pourra faire ultérieurement, sans compromettre le nom sacré de Votre Majesté.

[186]) Abgefaßtes Schreiben Jacobis im Wiener Staatsarchiv. Vgl. Postscr. II ad relat. No. 67 vom 21. 8. 1790. Jacobi an Bischoffswerder. Vienne le 25. d'Aôut 1790.

Les Hongrois, qui m'ont parlé si cordialement autrefois, paroissent trés intimidés: je ne vois donc pas, que dans ce moment le désiré zèle de l'officier patriotique en question, de risquer un voyage pour parler à ses compatriotes, puisse être de la moindre utilité; il viendroit trop tard, car les résolutions définitives doivent être prises dans le moment présent.

187) Geh. St.-Arch. Berlin Rep. 92, No. 2. César an Jacobi, 11. August 1790: Il parait aussi que les affaires ayant changé de face et qu'on ne pense qu'à s'arranger avec la cour. On y réussira probablement assez bien. . . Tout le monde se récrie contre nous, les Hongrois, les Brabançons et surtout les Galiciens.

188) Berlin le 22 Octobre 1790. Au C. de Podewils. Antw. auf Rel. No. 82 vom 13. 10. 1790.

. . . Les nouvelles de Hongrie qu'elle contient me confirment dans l'idée où j'ai été sur les affaires de ce pays depuis l'issuë des négociations de Reichenbach, savoir que, (selon) les circonstances actuelles, ces affaires se termineroient au gré de l'Empereur et que la fermentation feroit place au calme, à mesure que les Hongrois verroient diminuer les moyens de soutenir la gageure et leur Souverain en état de maintenir son autorité. . . .

Finckenstein. Hertzberg.

189) Geh. St.-Arch. Berlin, Rep. 96, 154 L., Bericht Jacobis vom 28. 8. 1796 (No. 68).

190) Ebd. No. 77. (Podewils) vom 25. 9. 1790:

Le Roi est parti sans avoir signé le diplôme inaugural hongrois. On n'a pas pu convenir de tous les points.

191) Ebd. Brief Jacobis vom 29. 8. 1790: . . . Les affaires d'Hongrie sont encore bien loin d'être dans la bonne voye. . . .

Ebd. Brief Jacobis als Beilage zu No. 78 vom 30. 9. 1790:

Un Hongrois m'a dit que les dernières concessions du Roi d'Hongrie, sur lesquelles il s'est ouvert au Primat ne concernoient rien d'essentiel. Il a ajouté que la Diète est dans l'impuissance de rien entreprendre, mais que le Roi d'Hongrie y est presque autant haï que son prédécesseur.

192) Ebd. Apost. zu No. 78. (29. 9. 1790) Jacobi.

. . . En effet, si à présent la guerre éclatoit entre V. M. et ce souverain, il pourroit moins que jamais compter sur la Hongrie, la Gallicizie et les Pays-bas. Les habitants de ces trois provinces ont pu se convaincre qu'à peine ce Souverain croit-il avoir les bras libres, il commence à parler d'un autre ton et rabat même les promesses qu'il leur avoit faites auparavant. C'est ainsi, qu'il a brusqué les Hongrois en ne voulant plus admettre aucune explication favorable à l'égard du nouveau diplôme inaugural. . .

193) Ebd. No. 81 (Jacobi) vom 9. 10. 1790:

. . . Les Hongrois vont encore faire un essai pour obtenir un meilleur diplome inaugural. Ils viennent de députer quelqu'un (sc. »le jeune Comte Caroly«, vgl. den gleichzeitigen Bericht Podewils') pour cet effet à Frankfort . . .

194) Ebd. No. 73 (Jacobi) vom 11. 9. 1790:

. . . On se flatte ici: que les affaires de Hongrie prendront une tournure entièrement conforme aux desseins du Roi Leopold. Quelques Hongrois que j'ai vus ici m'ont voulu assurer le contraire. Je vois cependant: que la Cour d'ici a employé la grande maxime de diviser les mécontents pour les gouverner . . . .

[195]) Ebd. Beilage zu No. 68 (Jacobi) vom 28. 8. 1790.

. . . La pièce dont il est question dans mon dernier rapport contient les invectives les plus injurieuses sur la résistance aux volontés du Souverain: ce qui ne peut manquer de les aigrir. On disoit: qu'on veut leur faire peur par là. On a aussi publié à Bude: qu'on avoit montré à Reichenbach au B. de Spielmann les originaux des représentations de plusieurs magnats, qui ont imploré l'assistance de V. M. et que le Roi d'Hongrie connoissant ainsi authentiquement les boutefeux, leur feroit faire le procès, pour en délivrer les actes à la Diète, qui prononceroit elle-même sur le sort de ces rebelles. Il est à craindre que ces moyens bien loin d'être efficaces pour intimider le parti de l'opposition, ne fera (!) que l'aigrir d'avantage. . . .

Dazu: Wiener St.-A.: Graf Ant. Jos. Batthyány an Pabló. Ofen 13. Aug. 1790. Rittmeister von Bohns schrieb hiernach aus Wien am 7. August an Batthyány:

Der König ist mit uns höchst unzufrieden; der König von Preußen soll ihm den ganzen Plan entdeckt und auch den Catalogue aller der Ungarn eingeschickt haben, die bei Ihm dieses Planes wegen in Persona waren. Sicher ist es, daß zwischen diesen kein einziger Protestant seye.

[196]) Ebd. No. 68 (Jacobi) vom 28. 8. 1790.

En attendant, il a paru ici plusieurs pièces, dans lesquelles on a fortement censuré la conduite des Hongrois à la diète. Il y en a une entre autres, où l'on s'est permis les invectives les plus indécentes contre une cour étrangère qu'on désigne si bien que personne ne peut se méprendre qu'on vise à la Cour de Prusse. Aussi le débit en a-t-il été tout de suite défendu de sorte que je n'ai pu m'en procurer qu'un seul exemplaire.

[197]) Ebd. Beilage zu No. 70 (Jacobi) vom 1. 9. 1790:

. . . J'en ai déjà parlé dans mon très humble rapport du 25 de ce mois, en disant qu'elle contenoit les invectives les plus indécentes contre une Cour étrangère qu'on désignoit si bien que personne ne pouvoit se méprendre que l'auteur visoit à la Prusse. Elle est intitulée: Babel, *Fragmente über die jetzigen politischen Angelegenheiten in Ungarn.* . . .

Es folgen Auszüge aus dieser Broschüre, enthaltend die gegen Preußen gerichteten Stellen. Vgl. über Babel auch G. Ballagi: *A politikai irodalom Magyarországon 1825-ig* (Die politische Literatur in Ungarn bis zum Jahre 1825). Budapest 1888, 1, 383 ff.

[198]) Ebd. Beilage zu No. 71 (Jacobi) vom 4. 9. 1790:

. . . Souffrez, Sire, que j'ajoute quelques mots sur ce que j'ai osé proposer dans mes rapports précédents relativement à la pièce intitulée »Babel«, laquelle on continue à vendre publiquement ici, quoique j'aye parlé deux fois au Comte de Cobenzl depuis ma conversation avec lui à ce sujet, il ne m'en a plus dit le mot. Si cependant V. M. approuvoit que j'insistasse fortement ici, qu'on insérât dans les gazettes de Vienne ce que j'ai proposé pour cet effet, je le regarderois comme impossible qu'on me refusât ma demande. En tout cas il me paroîtroit que la considération du service de V. M. exigeroit qu'on poussât cette affaire aussi loin que possible. Je ne saurois assez dire, combien cette publication enhardit le public dans ses propos téméraires. . . .

Beigegeben: »Entwurf eines Widerrufs, welcher in die Wiener teutsche Zeitung zu setzen ist.«

199) Fürst Kaunitz an Fürst Reuß am 30. Sept. 1790, Wiener St.-Arch. Vgl. auch G. Wolf: *Historische Skizzen aus Österreich-Ungarn*, 1883, S. 274.

200) Hanns Schlitter: *Kaunitz, Philipp Cobenzl und Spielmann. Ihr Briefwechsel.* Wien 1899, S. 88.

201) Geh. St.-Arch. Berlin, Rep. 96, 154 L: Brief Jacobis vom 23. 9. 1790:

Sire. Par mon très humble rapport d'aujourd'hui Votre Majesté daignera voir, quel expédiant j'ai osé proposer à l'égard du Libelle: Babel. Je ne puis assez exprimer combien de scandale cette diatribe a causé ici. Il ne suffiroit pas de l'avouer au mépris des gens raisonnables. Ce nombre est actuellement trop petit ici . . .

202) Wiener St.-Archiv: Dites également à Hofmann, qu'il fasse répandre en Hongrie des exemplaires du papier hongrois que je lui ai fait imprimer pour les villes, sans qu'on sache que cela vient de lui, mais que pour celles pour les paysans il attende encore à les répandre; assurez le que j'aurai soin de lui.

203) Geh. St.-Arch. Berlin, ebd.: No. 82 (Jacobi) vom 13. 10. 1790.

. . . Les gentilshommes hongrois se trouvent extrèmement offensés par une pièce imprimée qui vient d'être publiée ici. C'est le second tome de Babel appelé Ninive. On y jette un ridicule sanglant sur l'ordre des nobles assemblés à la Diète. On les accuse de traiter comme des esclaves leur paysans et la bourgeoisie, et on excite ces deux derniers ordres à ne plus souffrir le joug sous lequel les nobles les tenoient opprimés . . .

204) Vgl. G. Ballagi a. a. O. S. 392 ff. und Concha Győző: *A kilenczvenes évek reformeszméi és előzményeik* (Die Reformideen der 90 ger Jahre und ihre Vorläufer), Olcsó könyvtár 498—499. Budapest 1885, S. 183 ff.

205) Wiener St.-Arch., Ungarn Pr. B. fasc. 5 (Grossingakten), fol. 14—17.

»Die Urkunde, so Grossing unterm 3ten April laufenden Jahres dem Grafen Pergen, und dieser Euer Majestät mittelst beiliegender Note unterm 4ten ejusdem, betittelt: de jure Patronatus Regum Hungariae circa Episcopatus, überreicht hat, ist höchst wichtig.« Es folgt die Inhaltsangabe der 19 Seiten umfassenden Schrift, durch die das Recht der ungarischen Könige, die Bischöfe zu ernennen, nachgewiesen werden soll. Die dem Papst eingeräumte Confirmation der Bischöfe ist schon ein großes Zugeständnis, was auch durch ein zitiertes Aktenstück (P. 54) bestätigt wird. Letzteres nun ist aus dem ungarischen Kanzleiarchiv entwendet. Zur Ermittlung des Diebes müßte Graf Pergen den Grossing constituieren lassen, von wem er es bekommen habe. Zwei andere gleichzeitig von Grossing vorgelegte Aktenstücke sind belanglos, aber wahrscheinlich gleichfalls ein Diebstahl.

Wien den 8ten April 1789. Izdenczy mp.

Randote Josephs II.: Ich habe dem Grafen Pergen die Constituirung des Grossing nach Ihrem Einrathen aufgetragen und schicke Ihnen einsweilen die übrigen zwey Piècen zum thunlich findenden Gebrauch zurück.

Joseph mp.

Fol. 12—13.

Izdenczy unterrichtet den Kaiser davon, daß die von Joseph Großing angefertigten Auszüge aus Akten der siebenbürgischen Hofkanzlei u. dergl. gut ausgefallen sind, daß er aber neuerdings langsamer arbeitet, da er »wegen geringer Besoldung kein solches Quartier sich miethen könne, wo er auch zu Hause zu arbeithen im Stand wäre«. Er schlägt eine Erhöhung seines Gehaltes um 200 f. vor. Dies sei auch die Hauptabsicht von Grossings Schreiben an den Kaiser vom 21. dieses Monats.

Wien den 22ten Oktober 1789. Izdenczy mp.

NB. Hier ist die Rede vom Joseph Grossing und dessen Brudern Rudolf, welcher sich annoch hier in der Gefangenschaft befindet, welch letzteren Graf Pergen bey sich seiner Geschicklichkeit wegen, anstellen machen wollte.

(Izdenczy's Handschrift).

Darüber die Randbemerkung Josephs II.:

Mit allen diesen Schrieblereyen (!) wird nichts herauskommen, und lohnen die Kerls nicht der Mühe, daß man einen Groschen für sie ausgiebt. Joseph mp.

Fol. 9—11. In einem Schreiben an Joseph II. erklärt Joseph Grossing sich allein für fähig, die irrigen Begriffe der ungarischen Stände und ihre Eingaben zu widerlegen. Drei Dinge bittet er sich aus: 1. Er selbst soll die für seine Arbeit erforderlichen Aktenstücke aus den Archiven ausheben dürfen. 2. Die von ihm zu widerlegenden Beschwerden der Stände sollen schriftlich abgefaßt sein. 3. Er soll in aller Stille, aber in einer bequemen Wohnung und alles Kummers des häuslichen Lebens enthoben arbeiten können.

Herr Staatsrath v. Izdenczi, der meine von Ihm anbefohlene Arbeiten jederzeit seines güttigen Beifalls würdigte, ließ mich durch Herrn Hofrath v. Beer versichern, daß er meine auf die von Ihm in Bezug auf derley Arbeiten mir gesetzten Fragen gegebene Erklärung Eurer Majestät allergnädigsten Genehmigung ehestens unterbreiten werde.

Wien den 21ten Oktob. 1789. Joseph Grossing m. p.

An Seine K. K. Majestät allerunterthänigste Note des Joseph Grossing.

206) Ebd. Über Laczkovics, Hajnóczy und die übrigen Genossen des Martinovics s. W. Fraknói: *Martinovics élete*, 2. Aufl., Budapest 1921, S. 99 ff. und pass.

207) Wiener Staatsarchiv. Ebd.

207a) S. seine Broschüren: *Trauergedanken am Sarge Josephs II.* (1790); *Der Trenck an alle redlichen Ungarn, eine Epistel für den Landtag* (Hermannstadt 1790); *Der entlarvte Priester, für Ungarns Landesväter* (ebd. 1790), eine Schrift, die eine erbitterte Entgegnung des Servitenmönches Szaicz hervorrief (Der entlarvte Trenk), *Gebet der ungarischen Landesstände in Ofen* (1790) u. a.

208) Die Audienz: Geh. St.-Arch. Berlin, Rep. 96, 260 T_2, Auf Trencks Gesuch vom 27. 11. 1788 von der Hand des Königs: »Künftige Woche werde ihn sprechen.«

Über Reichenbach: Wiener St.-Arch.: Trenck an Forgách. Wien, 6. Aug. 1790.

La paix est honorable avec la Prussie. J'y ai beaucoup contribué par un plan donné en secret. Herzberg a été culbuté. Le reste de bouche. Nous agirons de concert. Faites venir le Roi en 15 jours sans quoi les suites seront funestes. J'en suis instruit.

209) Geh. St.-Arch. Berlin, Rep. 96, No. 154. No. 109 (César) vom 21. 9. 1791. Unzufriedenheit der Ungarn mit dem Frieden von Sistow.

. . . Au surplus, on craint aussi que l'exemple de la France ne fasse impression sur des esprits aussi inquiets que ceux des Hongrois, et on prétend que le B. de Trenck dont je parle en clair, a entretenu une correspondence politique avec plusieurs membres de l'ass. nat. . . . (unchiffr:) . . . Le fameux Baron de Trenck a été arrêté à Bude par ordre du Prince de Cobourg, et vient d'être envoyé ici enchaîné, pour être jugé au Conseil de guerre. On dit qu'après avoir signé un revers de ne jamais écrire ou parler contre le Gouvernement, il y est contrevenu en repandant en Hongrie une brochure séditieuse.

Je suis . . . . . César.

No. 111 (Jacobi), Prague ce 24 Sept. 1791.

. . . . La conspiration du gentilhomme hongrois a beaucoup affecté l'Empereur. On a conseillé à ce Monarque de statuer un exemple en faisant couper la tête à ce malheureux.

No. 112 (verb. aus 114) (Jacobi), Vienne ce 8 Octobre 1791.

Unchiffr.: Le Major de Trenck, qui par sa conduite turbulente et par des propos très imprudents, tenus en Hongrie contre le Gouvernement, s'étoit mis dans le cas d'être envoyé ici les fers aux pieds et aux mains, a été relâché de sa prison par une suite de sentiments et de longanimité de S. M. l'Empereur. On a mis pour condition toute fois, qu'il ne s'éloigneroit pas de Vienne, et qu'il ne se rendit plus coupable contre le Gouvernement par des scènes de sa façon, faute de quoi il seroit mis sans procès ultérieur en lieu de sûreté pour le reste de sa vie. Ce qui rend le Sr. Trenck encore plus digne d'animadversion, c'est que l'Empereur avant son départ pour la Bohème lui avoit augmenté sa pension annuelle de 800 Florins jusqu'à 1500, à condition qu'il cessât son métier d'auteur et qu'il refrénât sa langue. S. M. Impériale à peine parti pour la Bohème, cet officier étoit parti pour la Hongrie, où il s'étoit appliqué à vouloir faire traduire la Constitution Françoise en langue Hongroise. Cette imprudence et des propos séditieux, qu'il s'est, dit-on, permis dans des lieux publics, avoient tellement indisposé le Prince de Cobourg contre lui, que ce Général Commandant l'avoit envoyé ici pieds et mains liées, pour le traduire au Conseil de Guerre, comme Criminal de Lèse-Majesté.

Apost. à la Rel. No. 112 (114) (Jacobi) vom 8. 10. 1791. Chiffr.

. . . J'entends qu'on blâme hautement S. M. Imp. de ce qu'Elle a de nouveau fait grâce au Sr. de Trenck. On y trouve d'autant plus à redire que l'Empereur vient d'avoir un nouvel exemple que l'indulgence ne corrige pas les boute-feux, dans la personne du C. Festetitz; ce noble Hongrois avoit excité en son temps beaucoup de monde en Hongrie et s'est oublié jusqu'à animer le régiment hongrois qu'il commandoit, à refuser obéissance lorsqu'on vouloit l'employer à lever par force des contributions en Hongrie. L'Empereur l'avoit placé dans un régiment aux Païs-bas. . .

[210]) Geh. St.-Arch. Berlin, Rep. 96, No. 260. Trenck an Friedrich Wilhelm II. 30. Jan. 1792:

Mon Grand Roi! Votre pension donna matière à mes ennemis en Autriche pour nourrir les soupçons contre moi, et me causer mille chagrins et chicanes au point, que je fus arreté l'année passée en Hongrie sous prétexte de fomenter avec la partie Prussienne. J'ai gagné le procès avec honneur et gloire, mais sans satisfaction publique. J'ai prouvé que je suis honnêt homme partout. Mais sujet à des persécutions pareilles dans l'avenir, j'ai quitté l'uniforme et ma pension Impériale: J'ai cédé ma terre en Autriche à mon Epouse et à mes 5 filles et résolu de vivre en indépendence par mes travaux littéraires à Londres ou à Paris.

[211]) Geh. St.-Arch. Berlin, Rep. 96, 154 L. Brief Jacobis vom 25. 10. 1790.

. . . Le Baron Lassolaye m'a demandé, si je croyais que Votre Majesté voudroit agréer ses services dans le cas, qu'on le met dans le cas de devoir quitter ce Pays-ci; quoique je me souvienne, que peu de jours avant qu'il fut envoyé d'ici à la forteresse de Munkatsch, en Hongrie, Votre Majesté m'ait ordonné de lui faire savoir: qu'Elle verroit, ce qu'Elle pourroit faire de lui; je ne lui ai cependant répondu que dans des termes très vagues. Comme il a été en recruës, pendant 15 ans, pour la Cour de Vienne, il se pourroit, qu'il fut en état d'être utile au service de Votre Majesté. Ayant d'ailleurs été employé pendant cinq ans à la Chancellerie d'Empire ici, il doit être au fait de toutes les vuës de la Cour d'ici par rapport à l'Allemagne. . . . Je supplie Votre Majesté de m'ordonner ce que je dois répondre à cet Ex-Referendaire, s'il venoit à me parler de nouveau de ses vuës pour entrer au service de Votre Majesté. . . .

Vgl. Jacobis Briefe vom 13. 10. und 20. 10. 1790 und die Lassolayeakten des Berliner Geh. St.-Arch.

212) Geh St.-Arch. Berlin. Ebd. Brief des Königs, 3. 12. 1790.

J'ai reçu, Comte d'Hertzberg, avec votre lettre du 1er de ce mois celle que vous m'avez présentée du Comte de Goerz à Ratisbonne au sujet du baron de la Sollaye. Comme Je ne le trouve convenable de recevoir cet homme-là dans mon service, si même il pourroit être de quelqu' utilité dans le recrutage, Je crois qu'il vaudra mieux, de se défaire de lui en moyennant quelque gratification. J'ai destiné pour cet effet deux mille écus, que la caisse de la cour doit vous payer et que vous ferez passer au Comte de Görz avec la réponse ci-jointe. Au reste Je vous renvoye la lettre du dernier avec le mémoire ci-joint du dit baron de la Sollaye, pour la faire garder. Sur ce Comte d'Hertzberg Je prie Dieu qu'il . . . .

Berlin 3 Décembre 1790. Fr. Guillaume.

au Comte d'Hertzberg Ministre d'Etat.

Vgl. Jacobis Briefe an Friedrich Wilhelm II. vom 13. u. 25. 10. 1790.

213) Geh. St.-Arch. Berlin, Rep. 96, No. 154, No. 118 (Jacobi) vom 22. 10. 1791. (Streit zwischen den ungar. Grenadieren des Regim. Pálffy und einem Bataillon von Bender in den Niederlanden.)

. . . parce que les grenadiers de Palfi ont péché contre la discipline militaire en s'opposant de vive force aux autres. Le conseil de guerre a décidé la peine de mort contre les rénitents. Reste à voir si S. M. Imp. confirmera la sentence. Le cas paroit d'autant plus épineux que les troupes hongroises ont déjà montré dans l'occasion assez d'insubordination et qu'on a été obligé de les retirer des frontières vers la France où elles occupoient les avant-postes. . .

No. 126 (Jacobi) vom 9. 11. 1791. (Unzufriedenheit in Ungarn, 2 Parteien.)

Ce qui y entretient surtout le mécontentement, c'est la séparation de la Transylvanie et de l'Illyrie d'avec ce royaume et l'établissement d'une chambre de finances séparée.

Betreffend die Teilnahmslosigkeit am Koalitionskrieg vgl. Césars Bericht vom 20. 2. 1793, ebd., Rep. 96, 155 F.

214) Geh. St.-Arch. Berlin, Rep. 96, 154, No. 107 (César), vom 27. 11. 1793.

. . . Le gouvernement paroit menacé de nouveaux embarras du côté de la Hongrie (am Rande mit Bleistift angestrichen) . . Sie verhalten sich der Lieferung von Truppen und Geld gegenüber ablehnend. . . . En attendant, le gouvernement avoit pourtant obtenu de la majorité des comitats la permission d'enrôler ceux qui demandoient eux-mêmes à prendre service parmi les troupes Imp. Un certain Comte Almazi, gentilhomme très riche et considéré, mais très attaché à la cour, possessionné dans le comitat de Zemplin ayant été engagé à forcer seulement 20 hommes au service militaire, la noblesse de ce comitat s'est assemblée, et après les délibérations les plus orageuses, on a arrêté de déclarer le susdit Comte Almazi déchu de tous ses droits de gentilhomme, de confisquer au profit de la nation tous ses biens de redemander et de délivrer en cas de besoin par des moyens de force les sujets qu'il avoit livrés malgré eux au service militaire. Cet arrêté a été en même temps communiqué à tous les Comitats du royaume, dont la très grande majorité (on m'a dit 39 contre 4) l'ont approuvé dans tous ces points. Le gouvernement, frappé d'un événement aussi désagréable, a pris l'expédient de faire demander le protocole de ces Séances pour être soumis à l'examen constitutionnel de S. M. même. En attendant, cet événement doit avoir éveillé l'espri de fermentation qui paroit s'emparer facilement de la nation hongroise qui doit se livrer de nouveau à des discours séditieux sur les motifs et le but de la guerre actuelle. . . .

215) Ebd. No. 35 (Lucchesini) vom 30. 4. 1794.

. . . Je sais de très bonne part que la chancellerie d'Hongrie a fait expédier hier des ordres à différents comitats de faire arrêter quelques commissaires françois qui commençoient à travailler le pays dans le sens de la révolution françoise. . .

216) Ebd. No. 37 (Lucchesini) vom 7. 5. 1794.

. . . La première fête de Pâques on a trouvé planté sur la place d'Agram un petit arbre de la liberté. Les officiers de police l'ont abbattu et la chose en est restée là. Cependant comme le dernier jour du carneval on avoit vu paroitre à la redoute dans la même ville un masque portant les emblêmes de la liberté françoise et un modèle de guillotine, le gouvernement d'Hongrie s'occupe sérieusement de découvrir les auteurs de ces scènes révolutionnaires.

217) Ebd. No. 45 (César) vom 5. 6. 1794.

. . . Je lui (dem russischen Gesandten) ai communiqué que d'après mes meilleures notions et mes recherches les plus suivies ces agents de l'insurrection (Stanislaus Potocki und Piatoli) insinuoient avec beaucoup d'adresse et avec assez de succès aux chefs et aux Magnats de la nation hongroise qu'il étoit de l'intérêt majeur de ce royaume de soutenir l'indépendance de la république de Pologne et de faire servir ce pays de puissance intermédiaire et de boulevard contre les projets ambitieux du cabinet de Petersbourg. . .

No. 48 (César) vom 14. 6. 1794.

. . . Il me sera impossible de fournir une liste exacte des Polonois qui se trouvent ici. Ces émigrés ne font presque pas de séjour fixe, mais des courses continuelles . . .

218) Ebd. No. 110 vom 28. 12. 1794.

. . . Quant aux affaires de Pologne, le public de Vienne et principalement les Seigneurs Hongrois y prennent beaucoup de part. . . ,

Beigegeben: Noms de ceux qui impliqués dans la conspiration de Martinowitz viennent d'être arrêtés il y a peu de temps.

Abaffy, Vize-Gespan
Ambrozy, Königl. Fiscal
Hozesenacz, Hof-Kammersecretair
Slavy, Juratus
Versegy, Ex-Paulaner
Juhazy, Ex-Premonstratenser
Szabo, Notarius Bihar. Comitat
Rosty, Ex-Officier
Rosty, Notarius Gunzer D. Just.
Landerer, Buchhändler
Szen, Reitofficier
Maff, Ex-Pauliner
Neumayer, Reitofficier
Paczko, Buchdrucker
Baranyai, Juratus
Bryanowitz, dito
Haliczky, Normalschullehrer
Gakitz, Papierhändler
Martony, Doctor Medic. Pester Comitat
Kovacz, Advocat
Lukatz, Illes, Eüsz (?) — Advocaten
N. N., Kammerdiener bey B. Czechy
Szabo, Pfarrer in Körmend
Fodor, Ex-Gardist, von dem Kaiser Joseph gebraucht zu den geheimsten Versendungen als Courier, nachher im Civil angestellt; hat sich erschossen im Augenblick, wo er gefangen wurde.

219) Über Martinovics s.: Wilhelm Fraknói: *Martinovics élete.* 2. Aufl. Budapest: Athenaeum 1921.

Namen- und Sachverzeichnis.

FSC
www.fsc.org
MIX
Papier | Fördert
gute Waldnutzung
FSC® C083411

Kolibri 360 GmbH
Ferdinand-Jühlke-Straße 7
99095 Erfurt, Deutschland
produktsicherheit@kolibri360.de